新一代信息技术丛书

5G 移动通信网络建设与优化

Construction and Optimization of
5G Mobile Communication Network

丛书主编◎孙青华　　阴法明　陈恺◎主编　　郑映昆　施满之◎副主编

人民邮电出版社

北　京

图书在版编目（CIP）数据

5G移动通信网络建设与优化 / 阴法明，陈恺主编.

北京：人民邮电出版社，2025. 4. -- ISBN 978-7-115 -64636-1

Ⅰ. TN929.538

中国国家版本馆CIP数据核字第202449SJ58号

内 容 提 要

本书围绕5G移动通信网络建设，系统阐述了移动通信网络从规划到优化的全过程，精心设计了5个核心学习项目，即了解移动通信岗位、规划移动通信网络、建设移动通信基站、认识5G空口关键技术及优化移动通信网络。

本书可作为高等职业院校通信相关专业学生的教材或参考书目，也适合从事无线网络规划、网络建设、网络运维、网络优化、通信工程监理等工作的专业技术人员阅读。通过学习本书，读者可以全面掌握移动通信网络建设与优化的关键技术，为今后的职业发展奠定坚实的基础。

◆ 主　　编　阴法明　陈　恺
　　副主编　郑映昆　施满之
　　责任编辑　高　扬
　　责任印制　马振武
◆ 人民邮电出版社出版发行　　北京市丰台区成寿寺路11号
　　邮编　100164　电子邮件　315@ptpress.com.cn
　　网址　https://www.ptpress.com.cn
　　三河市祥达印刷包装有限公司印刷
◆ 开本：787×1092　1/16
　　印张：12.75　　　　　　　　　2025年4月第1版
　　字数：218千字　　　　　　　　2025年4月河北第1次印刷

定价：69.80元

读者服务热线：(010)53913866　印装质量热线：(010)81055316
反盗版热线：(010)81055315

在这个信息化飞速发展的时代，知识的更新迭代速度飞快。信息技术的融入已成为各行各业创新发展的核心动力。教育部发布的新版《职业教育专业简介》中，精准捕捉了这一趋势，并在电子与信息大类中对通信类专业进行了全面的升级与优化。基于此，人民邮电出版社精心打造了一套"新一代信息技术丛书"，旨在为读者提供一个洞察信息科学的窗口，帮助读者探索数据的海洋，掌握知识的脉络。本丛书不仅是一套教材，还是一扇通向未来数字世界的大门。

本丛书严格依照《职业教育专业简介》的指引，围绕高职专科专业核心课程的需求，精挑细选了与产业发展密切相关的 7 门课程，涵盖移动通信技术、数字通信原理、宽带接入技术、光网络传输技术、数据网组建与维护、通信电源、5G 移动通信网络建设与优化多个分支领域，旨在培养符合数字时代需求的高素质技术技能人才。丛书结合当前最前沿的技术和理论，同时考虑未来技术的发展趋势，囊括从基础知识、技术原理到高级应用的全方位内容。丛书内容注重理论与实践的结合，案例丰富，活动设计具有互动性和挑战性，能够帮助读者提升解决实际问题的能力。读者不仅能学习到最新的技术理论，更能掌握实际操作的技能，同时也能感受到课程与思政的有机结合，助力培育和践行社会主义核心价值观。

此外，本丛书致力于打造新的学习体验——配备了丰富的教学资源，具有灵活多样的呈现形式，以及结构化、模块化的教学模式，为读者提供更有效、更具吸引力的学习方式。

本丛书由我作为主编，集合了国内众多学科专家、教师和企业专家的力量，包括来自重庆电子科技职业大学、南京信息职业技术学院、四川邮电职业技术学院、安徽邮电职业技术学院、石家庄邮电职业技术学院等院校的一线教师，以及华为、中国移动等企业的工程师，他们凭借深厚的学术背景和丰富的实践经验，使教材内容具有一定的前瞻性和实用性。

感谢每一位为教材的编写和审校付出努力的人。在编写过程中，我们努力保持内容的准确性和时效性，也尽可能采用了读者容易理解和接受的教学方法。当然，随着信息技术的不断进步，教材的内容也会定期进行更新和修订，以保证读者能够接收最新的知识。

希望您在每一页的阅读中，都能体验到知识的力量，获得前进的勇气。愿本丛书能成为您职业发展和追寻学术梦想道路上的坚实基石。

孙青华

国家"万人计划"教学名师、全国工业和信息化职业教育教学指导委员会
通信职业教育教学指导分委员会副主任委员

新型基础设施是支撑新业态、新产业、新服务发展的战略性基石，也是我国"十四五"时期的建设重点，其包括信息基础设施、融合基础设施、创新基础设施。自 2009 年我国在移动通信技术方面取得 TD-SCDMA 自主知识产权及 TD-SCDMA 成为国际标准以来，我国在移动通信领域集中资源、提前布局，致力于在 5G 的需求培育、技术研发、频谱分配和标准制定等领域获得先发优势和主导地位。截至 2024 年 10 月底，我国累计建成 5G 基站 419.1 万个，5G 融入国民经济的众多领域，赋能实体经济数字化、网络化、智能化转型升级。预计到 2035 年，5G 相关产业链的全球总产值会达到 3.5 万亿美元。

本书旨在帮助读者全面掌握移动通信网络建设与优化的关键技术，为今后的职业发展奠定坚实的基础。全书共包含 5 个项目，项目一介绍了移动通信领域常见岗位的职责和工作流程等；项目二对 5G 网络架构、5G 网络覆盖和容量规划方法进行了介绍；项目三对基站的组成、安装配置流程进行了介绍；项目四对 5G 空中接口的时频资源和关键技术进行了介绍；项目五介绍了网络优化的基本原理，并结合案例介绍了优化的方法。通过学习这些内容，读者可以了解移动通信网络的基本组成、5G 网络的特点和优势，掌握网络规划和优化、基站建设技能及空中接口关键技术及网络优化等。

全书的内容分工如下。阴法明完成全书架构设计和统稿工作，并负责项目一和项目五的编写，郑映昆负责项目二的编写，陈恺负责项目三和项目四的编写，施满之参与项目五的编写。在编写过程中，我们得到了中通服咨询设计研究院有限公司、南京格安信息系统有限责任公司的大力支持和协助。在此表示衷心的感谢。同时，我们也要感谢为本书付出辛勤努力的编写团队。

我们希望本书能够对读者在掌握 5G 移动通信网络建设与优化技能方面有所帮助。为方便读者学习，本书免费提供配套教学 PPT、习题和答案等教学资源（可通过扫描"信通社区"二维码获取）。由于时间仓促和编者水平有限，书中难免存在不足之处，敬请广大读者批评指正。

作者

C目 录
Ontents

项目三 建设移动通信基站

项目四　认识5G空口关键技术

项目五　优化移动通信网络

项目一

了解移动通信岗位

学习目标：

① 了解通信产业链的构成

② 了解移动通信规划设计类岗位的职责、工作流程等

③ 了解移动通信工程建设类岗位的职责、工作流程等

④ 了解移动通信网络优化类岗位的职责、工作流程等

我国已建成全球规模最大的移动通信网络，截至 2023 年 10 月，移动通信基站达 1144 万个，其中 5G 基站超过 321.5 万个，覆盖广度和深度持续增加，初步形成 4G、5G 和窄带物联网多网协同发展的格局，能够提供不同速率等级的连接能力，满足各行业物联网业务和应用场景要求。同时，我国的信息通信产业从业人员规模位居世界第一，计算机、通信和其他电子设备制造行业的从业人数超过 1000 万。

任务1 了解通信产业链

通信产业链以运营商为核心，包含设备商、设计院、网络优化公司等，组成涵盖芯片、软件、硬件、工程、营销等多个专业领域的产业集群，通信产业链组成如图 1-1 所示。

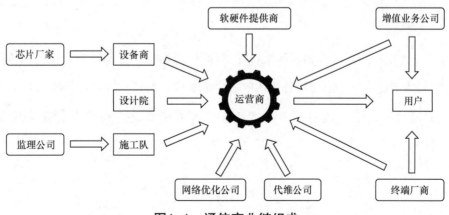

图1-1 通信产业链组成

我国移动通信的发展历程始于 1987 年。1994 年，原邮电部批准成立我国第一个移动通信局，并开始建设蜂窝模拟移动通信系统。1998 年，原信息产业部成立，将固定电话和移动通信业务分离，移动通信业务由中国移动独家运营。

移动通信领域的岗位（群）主要包括移动通信规划设计、移动通信工程建设、移动通信网络优化等。

任务2 了解移动通信规划设计类岗位

1. 岗位职责

移动通信规划设计主要完成移动通信网络的概要设计和详细设计，是通信工程项目顺利实施的关键。目前，移动通信规划设计工作主要由各类设计院完成，该工作按照专业领域可以分为无线、传输、数据、宽带、IT、电源等；按照业务类别可以分为规划项目、咨询项目、可行性研究报告、方案设计、施工图设计等。

规划移动通信网络是一项系统工程，大到总体设计思想，小到每一个基站小区（以下简称小区）参数。规划内容从无线传播理论的研究到天馈设备指标分析，从网络能力预测到工程详细设计，从网络性能测试到系统参数调整优化，贯穿了整个网络建设的全部过程。移动通信规划又是一门综合技术，需要掌握从有线到无线的多方面知识，积累大量的实际经验。移动通信规划设计类岗位的主要职责如下。

① 负责无线通信基站、塔桅等无线网络工程项目的选址、勘察、咨询、设计及系统数据录入等工作。

② 负责无线通信网络规划、网络优化工程资料收集、工程勘察、绘图、编制（概）预算、编制技术规范书、编写设计说明等，完成工程咨询设计并进行自审。

③ 负责参与建设单位的技术方案论证、网络技术支持和技术交流等技术服务工作。

④ 负责所承担工作的进度及质量控制，参与项目设计方案论证及内部项目会审。

⑤ 负责处理工程项目设计中出现的技术问题，并与建设单位、工程施工人员等沟通协调，提出具体解决方案。

⑥ 服从项目负责人的项目管理计划安排，协助项目负责人完成工程档案的归档工作。

2. 岗位能力要求

移动通信规划设计对岗位人员的专业能力和综合素质具有较高的要求。岗位人员一般应具有以下能力。

① 熟练使用 Office、CAD 绘图等软件和地图、规划仿真、模测路测、通信概预算等工具软件。

② 熟悉网络规划及调整、优化业务、行业标准规范，能够熟练使用网络优化测试软件和网络优化工具。

③ 具有较强的沟通和协调能力，有良好的敬业精神、团队协作精神和客户服务意识，有吃苦耐劳的精神。

④ 具有较强的学习能力，不断学习新技术、丰富新业务的知识，提升专业技能。

⑤ 能承受工作压力，稳重踏实，服从公司安排。

3. 规划流程

移动通信规划包括核心网络规划、无线网络规划和传输网络规划。电信运营商最关注网络系统的服务质量，覆盖范围是衡量服务质量的重要指标，因此，直接决定覆盖范围的无线网络规划是最重要也是最复杂的。在无线频率资源一定的情况下，无线网络规划需要考虑如何增加网络容量，以及如何满足网络未来发展的需求。移动通信规划需要进行覆盖预测、干扰分析、话务分析、频率规划、小区参数规划和后期的网络优化等工作。移动通信规划设计的主要流程如图 1-2 所示。

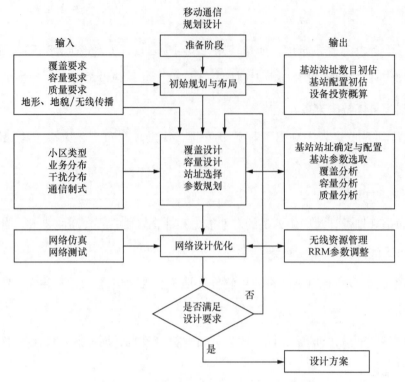

图1-2 移动通信规划设计的主要流程

4.规划原则

如何规划一个高质量、低成本、有竞争力的移动通信网络？移动通信网络的规划与设计需要遵循以下原则。

（1）综合建网成本最小

移动通信网络建设是伴随网络整个生命周期的，前期规划必须考虑后期发展的需求，降低综合建网成本。例如在中心城区，站点获取成本是不断上升的，采用合理的站间距策略，避免后期扩容频繁地增加站点，可以有效地降低综合建网成本。

（2）盈利业务覆盖最佳

移动通信网络是多业务网络，网络资源需要在不同业务之间进行分配。首先确定哪些业务是盈利业务及其对覆盖质量的要求，然后进行小区半径和覆盖方案的规划。在网络建设初期，如果以高速数据业务为目标进行规划，则需要投入大量网络资源，如设置远超实际需求数量的站点，但由于缺少足够的业务支撑，这些资源可能会被浪费。

（3）有限资源容量最大

移动通信网络的容量主要受干扰和频率的限制。合理的参数规划（切换、功率控制、资源管理算法等）、频率规划，可以减少小区内和小区间的干扰，提升小区容量，最大限度地利用有限的资源。

（4）核心业务质量最优

核心业务是指对网络发展有长远影响的业务，可能短期内不能盈利，但是对用户和业务发展有牵引作用，如高速数据业务。因此，在提供核心业务的地区，要保证其质量达到最优，从而展现移动通信网络在业务和性能上的优势，提升运营商品牌。

任务3 了解移动通信工程建设类岗位

1. 岗位职责

完成移动通信规划设计后，就进入移动通信工程建设阶段。该阶段包括移动核心网、传输网和无线网（基站）的建设，其中无线网（基站）的建设工作量最大。移动通信工程建设类岗位的主要职责如下。

① 基站（铁塔、机房）建设前期的选址、勘察、调研等工作，提报建设方案。

② 管理所辖区域的基站建设施工工作，协调物料、工程质量、进度和安全管理工作。

③ 监督工程质量和安全，协调并组织厂家完成站点机房和铁塔的安装。

④ 基站设备的工程督导、开通、测试、物业现场协调等工作。

⑤ 安排并协调工程竣工后的验收工作，参与向运营商交付的工作。

任职要求如下。

① 熟悉移动通信原理，能够勘察及管理现场。

② 熟悉开通 5G 基站的配套工程，熟悉光传输、通信电源等专业知识。

③ 熟悉基站工程建设的流程，了解项目管理知识。

④ 既有吃苦耐劳、勇于拼搏的精神，又有较强的责任心和团队意识。

2. 工作流程

移动通信工程建设包括无线基站建设、传输线路建设和核心网机房建设等，以宏基站单站工程为例，其建设流程如图 1-3 所示。

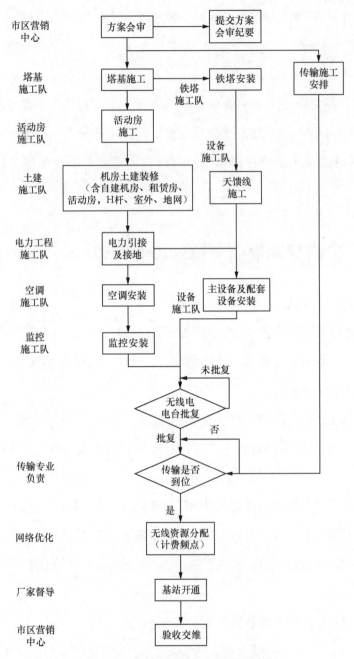

图1-3 宏基站单站工程建设流程

1. 岗位分类

网络优化，顾名思义就是对4G/5G移动通信网络进行测试、分析、优化。网络优化工作的进展程度直接关系用户对 4G/5G 移动通信网络的使用体验。网络优化工程师通过对现已运行的手机通话网络进行话务数据分析、现场测试数据采集、参数分析、硬件检查等找出影响网络质量的因素，并且通过参数修改、网络结构调整、设备配置调整等技术手段确保系统高质量运行，使现有网络资源获得最佳效益，以最经济的投入获得最大的效益。网络优化工程师分为 4 类，具体如下。

① 投诉处理工程师：专职处理用户投诉的工程师。

② 外场测试工程师（初级网络优化工程师）：负责外场的测试验证及区域内网络优化等，主要承担数据采集工作，在指定区域借助计算机和测试手机一方面测试网络信号是否正常，另一方面采集相关数据并上交。

③ 后台参数调整工程师（中高级网络优化工程师）：将测试工程师采集的数据通过专业的软件进行系统分析，查找可能出现的问题，然后有针对性地制订优化方案，再修改和调整相关的参数。

④ 项目负责人：负责项目的工作安排、人员调度、资料管理、设备保管及成果提交，并对自己的行为负责，有权制订项目工作人员的工资、绩效。

2. 岗位职责和要求

移动通信网络优化类岗位的主要职责如下。

① 能独立采集信号，对网络可用性、高效性和安全性进行测试。

② 完成数据分析，提出优化建议。

③ 针对测试结果，对网络拓扑、网络设备、网络总体规划进行优化。

④ 对网络的长期健康发展提出合理建议。

⑤ 能与客户进行技术交流，具有较强的团队意识。

其中，初级网络优化工程师要具备以下能力。

① 良好的沟通及协调能力。

② 具备一定的计算机知识，熟练使用 Office 办公软件。

③ 上进心较强，服从公司安排。

④ 具备移动通信相关基础知识，能够使用路测仪、扫频仪等工具。

3. 工作流程

移动通信网络优化的工作流程如图 1-4 所示，主要分为 8 个步骤，分别是需求分析、

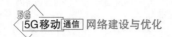

优化准备、设备检查、数据采集、数据分析、方案实施、结果验证和总结验收。

| 需求分析 | 优化准备 | 设备检查 | 数据采集 | 数据分析 | 方案实施 | 结果验证 | 总结验收 |

图1-4　移动通信网络优化的工作流程

① 需求分析：与客户沟通并确认需求，输出客户需求分析报告。

② 优化准备：明确优化目标，细化优化需求，准备数据和设备。

③ 设备检查：排查设备故障，确保设备工作正常，避免因设备问题影响网络整体性能。

④ 数据采集：采集系统运行数据、现场测试数据、用户投诉数据、信令跟踪数据、运营方反映问题数据等。

⑤ 数据分析：对采集到的系统数据、路测数据等进行分析。

⑥ 方案实施：制订和评审方案，执行优化方案。

⑦ 结果验证：对优化前后的运行数据和测试结果进行比较。

⑧ 总结验收：完成优化报告，进行项目验收和总结。

项目小结

本项目探讨了移动通信领域不同岗位的主要职责、要求和工作流程等，包括移动通信规划设计类岗位、移动通信工程建设类岗位、移动通信网络优化类岗位，讨论了这些岗位人员应具备的专业技能和个人素质等。

移动通信规划设计类岗位要求岗位人员凭借专业技能和对行业趋势的理解，制订合理、高效的移动通信网络建设方案；移动通信工程建设类岗位要求岗位人员严格按照规划设计方案进行建设，确保网络的质量和稳定性；移动通信网络优化类岗位要求岗位人员通过对网络进行持续监测和分析，发现并解决网络中存在的问题，保证网络的高效运行。所有岗位人员都需要有高度的责任感和专业素养，从而更好地推动移动通信行业的发展。

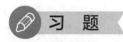 习　题

一、选择题

1.移动通信领域的岗位主要包括（　　）。

A. 移动通信规划设计类岗位   B. 移动通信工程建设类岗位

C. 移动通信网络运行维护类岗位   D. 移动通信网络优化类岗位

2. 移动通信网络的规划原则包括（   ）。

A. 综合建网成本最小   B. 盈利业务覆盖最佳

C. 有限资源容量最大   D. 核心业务质量最优

3. 一般来说，移动通信工程建设阶段工作量最大的是（   ）。

A. 核心网络   B. 无线网络

C. 传输网络   D. 交换网络

4. 外场测试工程师的工作职责是（   ）。

A. 处理用户投诉   B. 网络数据采集

C. 参数调整   D. 项目管理

二、思考题

请调研当前我国移动通信基站总数量、5G 基站的数量，并计算 5G 基站占比。

项目二

规划移动通信网络

学习目标:

① 理解移动通信网络架构与演进过程

② 掌握无线网络覆盖的规划方法

③ 认识5G核心网的网络架构和关键技术

④ 理解网络容量的计算方法

任务1 认识移动通信网络架构

移动通信网络是连接人与人的重要基础设施之一。随着技术的不断发展,移动通信网络的架构也在不断演变和升级。认识移动通信网络架构是理解和规划移动通信网络的关键,对于移动通信行业的工程师和技术人员来说尤为重要。本任务将从宏基站网络架构、分布式基站网络架构和云化网络架构3个方面介绍移动通信网络架构的发展历程和技术特点,旨在帮助读者全面、深入地认识移动通信网络架构从简单到复杂、从传统到创新的迭代过程。

宏基站网络架构从1G、2G时代起,为构建移动通信网络奠定了基石;分布式基站网络架构从3G时代开始崭露头角,在4G、5G时代进一步发展,以其独特优势逐步革新网络布局;云化网络架构在5G时代得到广泛应用与深化发展。

2.1.1 宏基站网络架构

1. 宏基站的定义与作用

当我们谈论宏基站网络架构时,首先需要了解什么是宏基站。宏基站是一系列重要的无线通信设备集合,在移动通信网络中提供覆盖范围较广的无线通信服务。它通常由一个或多个天线系统、一个或多个收发机系统、控制器、电源系统和辅助设备组成,可以覆盖的区域较广,如城市街区、高速公路等。

宏基站是移动通信网络的组成部分之一,它的作用非常重要。宏基站主要用于以下4个方面。

① 提供广覆盖的无线通信服务:宏基站覆盖的区域较广,提供广覆盖的无线通信服务,为移动通信用户提供可靠的无线通信环境。

② 实现移动通信网络的无缝漫游:宏基站通过与其他基站之间的协调,可以实现移动通信网络的无缝漫游,让用户在不同地点进行切换时无须中断通信。

③ 支持高速数据传输:宏基站凭借先进技术,具备强大的高速数据传输能力,支持高清视频播放、大文件快速下载、在线游戏等高流量应用,为用户带来畅快的数据交互体验。

④ 承载多元服务类型:宏基站可以同时支持语音通话、数据传输、短信收发、视频流传输等多种服务类型,满足用户多样化的通信需求,全方位覆盖日常通信、娱乐、工作等各类场景。

综上,宏基站是构建可靠、高效、安全移动通信网络的基石,在整个通信体系中扮演着重要角色。

2. 宏基站组成及 2G 网络架构

宏基站主要由以下几个部分组成。

① 天线系统:负责将无线信号传输到空中,是宏基站最外层的部分。天线系统通常由一根或多根天线组成,根据不同的频段和使用场景进行选择和布置。天线的高度、方向和角度等因素直接影响宏基站的覆盖范围和信号质量。

② 收发机系统:负责接收和发送无线信号,并将接收的无线信号转换为数字电信号或将数字电信号转换为用于发送的无线信号。收发机通常包含射频模块、中频模块和数字信号处理模块。其中,射频模块负责信号的放大和滤波,中频模块负责信号的变频和解调,数字信号处理模块负责数字信号的处理和解码。

③ 控制器:负责管理和控制基站的各个模块(包括天线系统和收发机系统)。控制器通常包含微处理器、存储器、时钟和接口等。控制器还负责与核心网的通信,接收来自核心网的指令并向核心网汇报宏基站的状态。

④ 电源系统:负责为宏基站提供电力,确保宏基站正常运行。电源系统通常由交流

（AC）电源和备用电池组成。AC电源通过电网供电，备用电池在断电或AC电源失效时提供应急电力。

⑤ 辅助系统：包括温度控制系统、防雷系统、防火系统等，用于保障宏基站设备的安全，确保宏基站稳定运行。辅助系统通常是宏基站的基础设施，与宏基站的正常运行密切相关。

电源系统和辅助系统在通信建设工程领域一般被称为配套设施。

2G网络架构如图2-1所示。

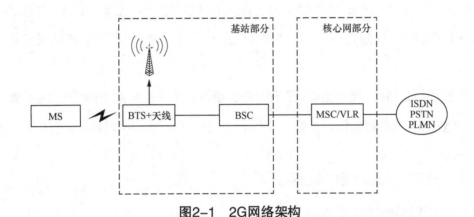

图2-1　2G网络架构

在图2-1中，MS为移动台，如手机、车载移动终端等，它们通过空中接口连接收发机系统。在2G网络架构中，基站收发台（BTS）、天线与基站控制器（BSC）共同构成基站部分。BTS属于收发机系统，负责信号的调制解调、编码解码与功率放大等。天线与BTS配合，承担信号的发射与接收任务。BSC作为基站的控制中枢，其安装位置根据网络建设需求而定，可以安装在基站或汇聚网机房。在核心网部分，移动交换中心（MSC）是核心组件，其关联的漫游位置寄存器（VLR）存储来访用户信息，归属位置寄存器（HLR）存储用户的签约信息，设备识别寄存器（EIR）则对移动设备进行识别与管理。2G网络架构最终实现与综合业务数字网（ISDN）、公用电话交换网（PSTN）及公共陆地移动网（PLMN）的互联互通。

3. 宏基站网络架构的优点与缺点

宏基站网络架构是现代移动通信系统广泛采用的关键网络结构。宏基站配备高功率发射设备与高增益天线，能发射强信号，实现广域覆盖。在城市，宏基站网络架构通过合理布局与参数配置，可满足商业区、住宅区等密集区域大量用户的语音、数据通信需求；在乡村，宏基站网络架构以强大的信号穿透与远距离传播能力，克服地域难题，保障偏远用户稳定接入。

宏基站网络架构的主要优点如下。

① 覆盖范围广：宏基站发射功率大，天线高度高，信号覆盖半径可达数千米，能够实现对大面积区域的有效覆盖，包括城市的郊区、乡村及高速公路等广阔地带。

② 容量大：宏基站具备强大的处理能力，可支持大量用户同时进行语音通话、数据传输等业务，能够满足城市中心区域、大型商场、学校等人员密集场所的通信需求。

③ 信号质量好：由于天线位置高且宏基站采用多种抗干扰技术，受地面建筑物和障碍物的影响较小，信号传输稳定，数据传输速率较高，能够为用户提供高质量的通信服务。

④ 网络稳定性高：宏基站设备性能可靠，配备完善的备份和冗余机制，在电源、传输等方面具有较高的稳定性，能够长时间稳定运行，保障通信网络的连续性和可靠性。

2.1.2 分布式基站网络架构

1. 分布式基站的定义与作用

有别于传统宏基站，分布式基站是新型无线通信架构，将基站组成部分分散安置，实现硬件分布化与功能分离，以此适配多样无线通信环境与需求。其作用体现在以下 5 个方面。

① 增强网络覆盖：通过将基站组件分散布局，分布式基站能延伸覆盖范围、提升覆盖区域内的通信容量，有效填补信号薄弱区域。

② 提升网络容错：基站功能拆解为多个模块，改变了以往单一硬件的模式，构建起冗余备份机制。某个模块故障时，其他模块可维持运行，极大提高网络容错能力。

③ 削减成本开支：模块化设计赋予部署高度灵活性，可依据实际需求灵活增减模块，避免过度建设，大幅降低基站建设与长期运营成本。

④ 适配多元场景：因地制宜、灵活布局，无论是复杂的城市环境，还是偏远的乡村地区，都能快速调整部署方式，满足不同场景下的通信需求，增强网络灵活性与可扩展性。

⑤ 助力通信网络演进：5G 乃至未来通信网络对基站的性能、部署灵活性要求极高。分布式基站凭借自身特性，为 5G 网络大规模部署提供有力支撑，在低时延、高带宽、海量连接等方面发挥关键作用，同时也为未来通信技术的持续演进奠定基础架构层面的重要支撑。

综上，分布式基站以其高灵活性、强可扩展性和高可靠性，成为无线通信网络发展的重要方向。

2. 分布式基站网络架构的概念和组成

分布式基站网络是对传统宏基站功能模块进行拆分后的新型网络架构。它将基站控制器集中设置，而边缘基站则分布在广阔的地理区域内。边缘基站通过高速网络与控制器相连，为用户提供优质的通信服务。分布式基站网络架构主要包含以下 5 个部分。

① 边缘基站：分布式基站网络的重要组成部分。边缘基站通常由天线系统和收发机系统组成，负责无线信号的接收和发送。边缘基站通常被布置在用户密集区域，可以提供更好的无线覆盖和更稳定的通信服务。

② 传输网络：分布式基站网络中连接边缘基站的网络，负责数据的高速传输和路由。传输网络通常采用光纤传输方式，具有大带宽、低时延的特点。

③ 控制器：作为分布式基站网络的控制与管理核心，控制器承担着对边缘基站各模块（涵盖天线系统与收发机系统）的管理和控制工作。此外，控制器负责与核心网进行通信交互，接收来自核心网的指令，并及时将基站的状态信息反馈给核心网。

④ 核心网：整个移动通信网络的关键构成，承担着用户认证、呼叫控制、数据传输等核心业务处理功能。核心网一般由接入和移动性管理（AMF）、会话管理（SMF）等各类网元组成。这些网元协同运作，保障核心网具备高可靠性和高安全性的特点，适配4G、5G 等先进移动通信网络的复杂需求。

⑤ 配套设施：分布式基站网络中的电源系统、温度控制系统、防雷系统、防火系统等，用于保护分布式基站设备的安全，确保分布式基站稳定运行。

分布式基站网络与传统的宏基站网络相比，具有更广的覆盖范围、更高的容错性和更灵活的部署方式，能够满足不同场景和应用的需求。

3G 网络架构采用的分布式基站网络架构如图 2-2 所示。

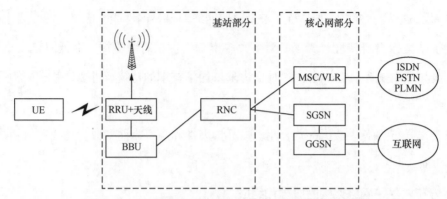

图2-2 3G网络架构采用的分布式基站网络架构

在图 2-2 中，UE 是用户设备，如手机、平板计算机等具有接入能力的移动设备，它们通过空中接口连接收发机系统。在 2G 网络向 3G 网络演进时，2G 网络中的 BTS 被拆分为基带处理单元（BBU）和射频拉远单元（RRU），以此实现信号热点的灵活部署。无线网络控制器（RNC）作为 3G 网络架构中的基站控制器，其功能和 2G 网络系统中的 BSC 类似。随着社会快速发展，人们的数据业务需求日益增长，3G 系统不仅能接入综合业务数字网（ISDN）、公用电话交换网（PSTN）和公共陆地移动网（PLMN）支持传统语音业务，还借助 IP 技术，通过 GPRS 服务支持节点（SGSN）与 GPRS 网关支持节点（GGSN）构建数据通路，实现移动终端接入互联网。

4G 网络架构采用的分布式基站网络架构如图 2-3 所示。

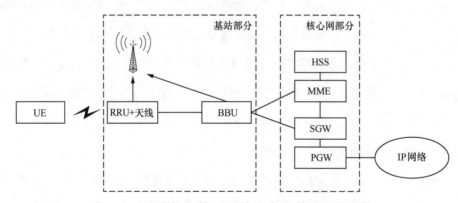

图2-3 4G网络架构采用的分布式基站网络架构

在 3G 网络体系中，无线网络控制器（RNC）承担着连接基站（NodeB）和核心网的重任。4G 网络全面革新为全 IP 网络架构，基站升级为 eNodeB。4G 无线侧取消了 RNC，其部分功能融入 eNodeB，部分移至仅含分组交换（PS）域的核心网。eNodeB 集成度更高，可独立完成传输和协议转换等任务，无须额外控制器调度，极大简化了网络架构，提升了运行效率。

同时，4G 网络引入了移动性管理实体（MME），它实现了比 RNC 更多的功能，如无线资源的调度与控制、小区间切换等关键任务。因此，4G 网络架构舍弃了 RNC 设备，构建了高度扁平化的网络架构，极大提升了网络的整体性能，提高了运营效益。

在 4G 网络中，MME、归属用户服务器（HSS）、分组数据网络网关（PGW）和服务网关（SGW）扮演着类似于 3G 网络中 SGSN 和 GGSN 的角色，共同构成了移动核心网络。这些实体之间的关系具体如下。

① MME：处理终端的信令和控制面，包括鉴权、接入控制、移动性管理和位置管理等功能。同时，MME 负责和 HSS 紧密配合，共同完成用户认证和鉴权，并向 SGW 和 PGW 发送相关的控制信令。

② HSS：存储用户的个人信息和认证密钥，为用户提供服务相关的配置和策略等信息。当 MME 需要进行用户认证和鉴权时，MME 会向 HSS 发送请求，以获取相应的用户信息。

③ SGW：作为用户数据的入口，负责对数据进行分类、转发和路由等操作。当终端需要接入数据网络时，SGW 会接收到 MME 的请求，并将数据流量路由到相应的 PGW。

④ PGW：作为用户数据的出口，负责对数据进行传输、计费和策略控制等操作。PGW 会将数据流量传输到互联网或其他外部网络。

在移动网络中，MME、HSS、SGW 和 PGW 协同工作，确保终端用户能够顺利接入和使用网络资源。

3. 分布式基站网络架构的优点与缺点

分布式基站网络架构的特点是将基站拆分为 BBU 和 RRU 两部分，BBU 集中在机房负责信号处理，RRU 则分布在不同地点用于信号传输，从而实现了基站的灵活部署和资源共享。分布式基站网络架构的主要优点如下。

① 灵活部署：基站设备的拆分使 BBU 可以被部署在机房，RRU 可以安装在靠近天线的位置，从而实现更灵活的基站部署。

② 资源共享：基于虚拟化技术，分布式基站网络可以实现资源共享，包括计算资源、存储资源、带宽资源等，从而提高资源利用率。

然而，分布式基站网络架构也存在以下缺点。

① 传输要求高：BBU 与 RRU 之间需要通过光纤等传输介质进行连接，对传输网络

的带宽、时延和可靠性有较高要求。如果传输网络出现故障，可能会导致基站部分或全部瘫痪，影响网络服务质量。

② 维护复杂：尽管 BBU 集中放置便于维护，但整个分布式系统涉及多个 RRU 和传输链路，故障点增多，维护难度和成本也相应增加。需要专业的技术人员和维护设备来进行故障排查和修复，对维护人员的技术水平要求较高。

为了克服分布式基站网络架构的上述缺点，5G 采用了云化网络架构。在云化网络架构中，基站被拆分为集中单元（CU）和分布单元（DU）两部分。CU 不仅承担了BBU 的部分功能，还引入了新的网络功能和服务逻辑，并通过虚拟化技术实现了更高级别的灵活性和可扩展性。这意味着 CU 可以被部署在不同的地理位置，并且能够根据网络需求动态调整资源配置。DU 与 RRU 相比，增加了本地决策能力，这有助于降低时延并提高服务质量。5G 的云化网络架构不仅实现了更高效的数据传输、增强了网络安全，还提供了更加灵活的基站部署选项。

2.1.3 云化网络架构

1. 云化网络架构的定义与特点

云化网络架构是指基于云计算、软件定义网络（SDN）和网络功能虚拟化（NFV）等技术，将 5G 核心网（5GC）和无线接入网（RAN）中的关键功能（如用户面功能 UPF、集中单元 CU 等）进行软硬件解耦与虚拟化部署。通过集中化的云原生编排管理系统，实现对网络资源的动态切片编排、弹性扩缩容和智能化管控。这种架构有效提高了网络的灵活性、可扩展性、可靠性和运营效率。

① 灵活性：5G 云化网络可以根据业务需求快速调整资源配置和网络服务，支持动态扩容或缩容，无须更改物理设备或重新部署网络架构，从而实现敏捷响应市场需求。

② 可扩展性：通过虚拟化技术和自动化管理平台，5G 云化网络能够轻松扩展以应对不断增加的用户数量和数据流量，确保系统在负载增加时仍能高效运行。

③ 可靠性：5G 云化网络采用冗余设计和分布式处理技术，确保即使部分组件出现故障，也能维持服务的连续性和稳定性，提供高可用性的通信体验。

④ 高效性：利用云计算和边缘计算技术，5G 云化网络能够优化数据传输路径和处理流程，降低时延并提高资源利用率，从而提升整体网络性能和服务质量。

2. 云化网络架构的关键技术

云化网络架构的关键技术如下。

① 软件定义网络（SDN）：通过分离网络控制面与数据面，实现集中化控制和可编程化管理，提升网络资源的动态分配能力。

② 网络功能虚拟化（NFV）：将传统专用硬件网元（如核心网、基站）转化为基于通用服务器的虚拟化功能，降低设备依赖并提升扩展性。

③ 网络切片技术：通过虚拟化技术将物理网络划分为多个逻辑切片，每个切片独立承载不同业务（如 EMBB、URLLC、MMTC），满足差异化需求。例如，工业控制场景可分配低时延切片，而视频流媒体则使用大带宽切片。

④ 虚拟化与通用硬件技术：采用虚拟机（VM）与容器混编技术，优化资源利用率。5G 网络使用 x86 服务器替代专用硬件，结合虚拟化技术实现网元的灵活调度。

5G 云化网络架构如图 2-4 所示。

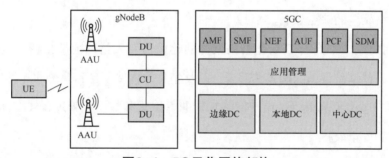

图2-4　5G云化网络架构

在图 2-4 中，5G 基站从传统的 BBU+RRU 两级架构演进为 CU（集中单元）+DU（分布单元）+AAU（有源天线单元）的三级架构，通过功能解耦和虚拟化实现云化。控制面（CU）集中部署在云数据中心，负责全局调度和策略管理；用户面（DU）下沉至边缘节点，靠近用户以降低时延；AAU 作为射频单元直接连接用户。DU 和 CU 功能通过 NFV 虚拟化为软件模块，运行在通用服务器上，结合容器技术（如 Kubernetes）实现快速部署与弹性扩缩容。

5G 回传网通过 SDN/NFV 融合架构和网络切片技术实现云化，为不同业务提供独立的逻辑切片，每个切片拥有专属带宽、时延和安全策略。5G 核心网（5GC）通过服务化架构（SBA）和分布式云原生技术实现全面云化。核心网功能拆分为独立的微服务（如 AMF、SMF、UDM），支持灵活组合与快速迭代。微服务以容器形式部署，实现核心网功能的按需调度。核心网与云计算资源池深度集成，支持跨云平台部署。

3. 云化网络架构的优点与缺点

云化网络架构通过虚拟化、分布式部署和智能化管理，重构了传统网络的部署模式，其优点如下。

① 灵活性高：通过将网络功能软件化和虚拟化，实现了网络资源的灵活调配和功能的快速部署。

② 资源利用率高：通过资源池化和虚拟化技术，不同业务可以按需使用计算、存储和网络资源，避免了传统网络中资源的闲置和浪费，降低了运营成本。

③ 可扩展性强：当业务需求增长时，可以通过增加云资源或调整资源配置来实现网络的快速扩展，无须大规模的硬件升级和网络重构。

④ 运维效率提升：云化架构实现了网络的集中管理和自动化运维，降低了运维的复杂度和工作量。

云化网络架构的缺点如下。

① 初期建设成本高：5G 云化网络架构的建设需要大量的前期投资，包括服务器、存储设备等硬件基础设施的购置和部署，以及相关的软件平台和系统的开发与集成。

② 网络安全性风险增加：由于网络功能的虚拟化和集中化管理，5G 云化网络架构面临着更多的安全威胁。

③ 运维管理难度增加：由于云化架构的复杂性和动态性，要求运维人员需要具备云计算、虚拟化、软件定义网络等多方面的知识和技能，对运维人员的技术水平和管理能力提出了更高的要求。

④ 性能优化难度大：网络功能的虚拟化和资源的动态分配可能导致网络性能的不稳定和优化难度的增加。

需要注意的是，云化网络架构的优缺点并不是绝对的，它们都是相对于传统网络架构而言的。同时，随着技术的不断发展，云化网络架构的优缺点也会不断变化。

任务2 认识5G无线网络架构

当今社会，无线通信技术已经成为人们生活和工作中不可或缺的一部分。5G 的出现为人们带来了更快、更可靠、更智能的通信体验，成为推动行业数字化和智能化转型的关键技术之一。5G网络架构可以分为独立（SA）组网架构和非独立（NSA）组网架构，其中SA组网架构是5G网络真正意义上的全新架构，而NSA组网架构则是在4G基础上进行的一种增量升级。下面对这两种组网架构进行详细介绍，希望能够帮助读者深入了解5G网络架构，为其在相关领域的应用提供指导和支持。

2.2.1　SA组网架构

SA组网是指完全基于5G新空口（NR）和5G核心网（5GC）的组网方式，不依赖于现有的4G LTE网络基础设施，而是从无线接入网到核心网均采用全新的5G技术和设备构建。

在SA组网架构中，5G核心网（5GC）采用了全新的结构，由多个NFV模块组成。同时，SA组网架构使用了新的5G频谱和5G天线技术，实现了更快的数据传输速度、更低的时延和更大的连接密度。

SA组网架构具有更好的可扩展性、更低的时延和更高的网络效率，能够为大规模物联网、智能制造等新兴应用带来更好的体验，满足未来无线通信的多样化需求。

5G网络云化架构简绘如图2-5所示。在5G系统中，基站部分通常被称为gNodeB，核心网部分被称为5GC，UE通过gNodeB接入5GC来访问数据网络（DN），不再依赖4G设备，能充分发挥5G的各项先进特性，为用户提供全新的5G网络服务。

图2-5　5G网络云化架构简绘

2.2.2　NSA组网架构

NSA组网是5G部署初期广泛采用的过渡方案，其核心特点是依赖4G核心网（EPC）实现控制面管理，同时利用5G基站增强用户面数据传输能力。相比SA组网架构，NSA组网的部署成本和时间更低，同时也可以为用户提供5G服务体验。

NSA组网的优点在于能利用现有的4G核心网和基础设施实现快速部署，降低部署成本和时间，并支持4G用户和5G用户共存。然而，NSA组网的缺点也很明显，其在速率、时延和容量等方面不及SA模式，并且其性能受限于4G核心网，无法充分发挥

5G网络的低时延、高可靠性等优势，不支持5G核心网的一些新功能，如网络切片和边缘计算。

在5G NSA组网架构中，双连接（DC）技术是一种关键技术，它允许用户设备（UE）同时连接到4G LTE基站和5G NR基站，4G基站作为主节点（MN），负责控制面信令的传输和与核心网的交互，而5G基站作为辅节点（SN），主要用于提供增强的数据传输能力。NSA组网架构如图2-6所示。

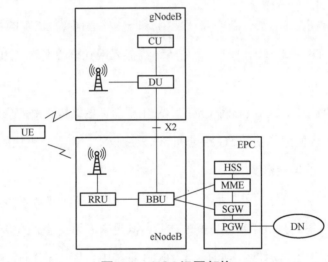

图2-6　NSA组网架构

由图2-6可见，UE可以访问5G基站gNodeB，也可以访问4G基站eNodeB，但是用户数据最终都需要经过4G核心网EPC才可以访问数据网络。NSA组网架构简绘如图2-7所示。

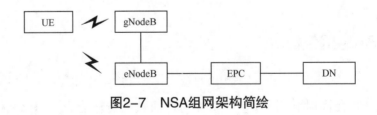

图2-7　NSA组网架构简绘

2.2.3　3GPP网络架构方案

3GPP在TS 38.300和TS 23.501等标准中，详细定义了Option 1、Option 2、Option 3/3a、Option 4/4a、Option 5、Option 6、Option 7/7a、Option 8/8a多种5G网络架构。

1. Option 1

Option 1 是 4G 网络目前的部署方式，由 4G 的核心网和基站组成，此处不再赘述。

2. Option 2

Option 2 网络架构如图 2-8 所示，它是 5G 独立组网，由 5G 的核心网和基站组成，服务质量更好，但成本更高。

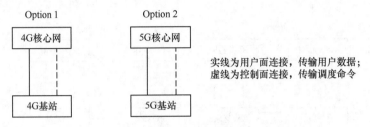

图2-8　Option 1和Option 2网络架构

3. Option 3

Option 3 是 4G 的核心网络，分为主站和从站。传统的 4G 基站处理数据的能力有限，需进行硬件升级，改造至增强型 4G 基站，并将其作为主站，新部署的 5G 基站作为从站。

为了降低建设成本，还设计了 Option 3a 和 Option 3x。

① Option 3a：数据在 EPC 中分流。EPC 直接决定数据是否通过 4G 基站或 5G 基站传输，与 4G 基站或 5G 基站直连的 X2 接口不参与数据传输。

② Option 3x：数据在 5G 基站中分流。EPC 将数据传输到 5G 基站，5G 基站通过 X2 接口分流部分数据到 4G 基站。

Option 3 网络架构如图 2-9 所示。

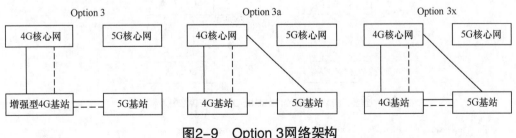

图2-9　Option 3网络架构

4.Option 4

Option 4 与 Option 3 的区别在于，Option 4 的 4G 基站和 5G 基站共用 5G 核心网，5G 基站作为主站，4G 基站作为从站。Option 4 也有两个版本，具体如下。

① Option 4：4G 基站的用户面数据和控制面数据分别通过 5G 基站传输到 5G 核心网。

② Option 4a：4G 基站的用户面数据直接传输到 5G 核心网，控制面数据由 5G 基站传输到 5G 核心网。

Option 4 网络架构如图 2-10 所示。

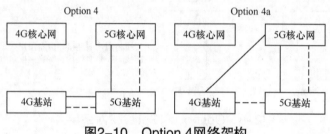

图2-10　Option 4网络架构

5. Option 5

Option 5 采用 5G 核心网与增强型 4G 基站组网。UE 通过增强型 4G 基站连接 5G 核心网，由 5G 核心网负责管理和控制用户的连接、数据传输等功能。

6. Option 6

Option 6 使用 4G 核心网与 5G 基站组网。UE 通过 5G 基站连接到 4G 核心网，由 4G 核心网承担用户的移动性管理、会话管理等控制面功能，5G 基站主要负责数据面的传输。Option 5 和 Option 6 网络架构如图 2-11 所示。

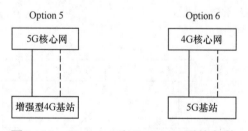

图2-11　Option 5和Option 6网络架构

7. Option 7

Option 7 网络架构如图 2-12 所示。它也有 3 个版本，分别是 Option 7、Option 7a 和 Option 7x。Option 7 与 Option 3 的主要区别在于 Option 7 采用 5GC 处理控制面和用户面数据。

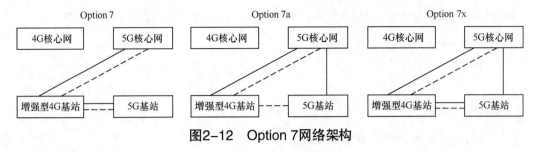

图2-12　Option 7网络架构

8. Option 8

Option 8 网络架构如图 2-13 所示，Option 8 和 Option 8a 运用 5G 基站将控制面数据和用户面数据传输到 4G 核心网，由于需要对 4G 核心网进行升级改造，因此成本较高。

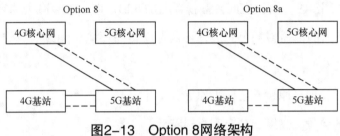

图2-13　Option 8网络架构

在上述多种 Option 中，Option 1 是 4G 组网架构，Option 2 是 5G SA 组网架构，其他都是 5G NSA 组网架构。它们为运营商提供了灵活的 5G 部署策略，使其可以根据现有基础设施和业务需求选择合适的组网方式。

任务3　规划无线网覆盖

无线电波传播模型是用于计算和模拟无线电波在不同环境下传播特性的工具，对无线通信系统的规划和设计具有重要的价值。掌握无线电波传播模型有助于更好地预测和优化无线网络的覆盖范围和容量，从而提高无线网络的性能和效率。合理使用传播模型可以有效降低无线网络的成本和风险，提高网络建设的质量和效益。因此，对于无线通信领域的专业人员来说，了解无线电波传播模型是必不可少的。

2.3.1　无线电波传播模型

1. 自由空间传播模型

在研究电波传播时，首先要研究电磁波在自由空间（各向同性、无吸收、电导率为

0 的均匀介质）条件下的传播特性，重点是在自由空间的传播损耗（单位为 dB）。

自由空间传播损耗公式如下。

$$L=32.45+20\lg f+20\lg d \qquad (2\text{-}1)$$

其中的参数含义如下。

①f 为电磁波的频率，单位为 MHz。

②d 为传播距离，单位为 km。

从式（2-1）可以推导出以下结论。

① 当距离 d 翻倍时，自由空间传播损耗增加 6dB，即信号衰减为原来的 1/4。

② 当频率 f 翻倍时，自由空间传播损耗增加 6dB，即信号衰减为原来的 1/4。

有了自由空间的传播损耗公式后，还需考虑传播环境对无线电波传播模型的影响，具体因素如下。

① 自然地形（如高原、丘陵、平原等）。

② 建筑物的数量、高度、分布和材料特性。

③ 在进行网络规划时，覆盖区域通常会被划分为密集城区、普通城区、郊区和农村 4 种，以确保预测的精度。

④ 某地区的植被特征表示为植被覆盖率，需考虑不同季节的植被情况是否有较大的变化。

⑤ 天气状况，如是否经常下雨、下雪。

⑥ 自然和人为的电磁噪声状况，周边是否有大型干扰源（如雷达等）。

⑦ 系统工作频率和终端运动状况。在同一地区，工作频率不同，接收信号的衰减状况也不同，静止的终端与高速运动的终端的传播环境也大不相同。

综合以上因素，发展出多种传播模型，以适应不同的实际环境和应用场景。常用传播模型见表 2-1。

表2-1　常用传播模型

模型名称	范围
Okumura-Hata 模型	适用于 150 ～ 1500MHz 宏蜂窝预测
COST231-Hata 模型	适用于 1500 ～ 2000MHz 宏蜂窝预测
城区宏站（Uma）模型	适用于 0.5 ～ 100GHz 城区宏蜂窝预测

模型名称	范围
城区微站（Umi）模型	适用于 0.5～100GHz 城区微蜂窝预测
农村宏站（Rma）模型	适用于 0.5～100GHz 乡村宏蜂窝预测
InH 模型	适用于 0.5～100GHz 室内微蜂窝预测
ITU–R P.1238 模型	适用于 0.3～450GHz 室内微蜂窝预测
通用传播模型	适用于 0.5～100GHz 多种覆盖场景

2. Okumura-Hata 模型

Okumura-Hata 模型在 900MHz 的 GSM 中得到了广泛应用，适用于宏蜂窝的路径损耗预测。Okumura-Hala 模型是根据测试数据统计分析得出的经验公式，应用频率为 150～1500MHz，适用于半径为 1～35km 的宏蜂窝系统，基站天线高度为 30～200m。

对于城市环境，Okumura-Hata 模型的路径损耗公式如下。

$$PL_{urban} = 69.55 + 26.16 \lg f_c - 13.82 \lg h_{BS} - a(h_{UT}) + (44.9 - 6.55 \lg h_{BS}) \lg d \quad （2-2）$$

其中的参数含义如下。

① f_c 是载波中心频率。

② h_{BS} 是基站天线高度。

③ h_{UT} 是移动台天线高度。

④ d 是基站与用户终端之间的距离。

⑤ 在城市环境下，$a(h_{UT})=3.2[\lg 10(11.75 h_{UT})]^2 - 4.97$。

当模型应用于郊区和农村开阔地区时，为了使预测结果更准确，需要对计算结果进行修正。

① 对于郊区，修正结果如下。

$$PL_{suburban} = PL_{urban} - 2\lg\left(\frac{f_c}{28}\right)^2 - 5.4 \quad （2-3）$$

② 对于农村开阔地区，修正结果如下。

$$PL_{rural} = PL_{urban} - 4.78\left(\lg f_c\right)^2 + 18.33 \lg f_c - 40.94 \quad （2-4）$$

3. COST231-Hata 模型

COST231-Hata 模型是由 EURO-COST 组成的 COST 工作委员会开发的 Hata 模型的扩展版本，应用频率为 1500～2000MHz，适用于半径为 1～20km 的宏蜂窝系统，发射天线有效高度为 30 ～ 200m，接收天线有效高度为 1 ～ 10m。

COST231-Hata 模型的路径损耗公式如下。

$$PL_{\text{urban}} = 46.3 + 33.9\lg f - 13.82\lg h_{\text{BS}} - a(h_{\text{m}}, f) + (44.9 - 6.55\lg h_{\text{BS}}\lg d + C \quad （2-5）$$

其中的参数含义如下。

① f 为载波频率。

② h_{BS} 为基站天线的有效高度。

③ d 为发射天线和接收天线之间的水平距离。

④ C 为环境修正因子。

当模型应用于郊区、农村地区和城市地区时，为了使预测结果更准确，需要对计算结果进行修正。

① 对于郊区、农村地区，修正因子如下。

$$a(h_{\text{UT}}, f) = (1.1\lg f - 0.7)h_{\text{UT}} - (1.56\lg f - 0.8) \quad （2-6）$$

② 对于城市地区，修正因子如下。

$$a(h_{\text{UT}}, f) = \begin{cases} 8.29\left[\lg(1.54h_{\text{UT}})\right]^2 - 1.1, & 150 \leqslant f \leqslant 200 \\ 3.2\left[\lg(11.75h_{\text{UT}})\right]^2 - 4.97, & 200 \leqslant f \leqslant 1500 \end{cases} \quad （2-7）$$

4. Uma 模型

Uma 模型是 3GPP 协议定义的适用于 5G 及未来通信系统的电波传播模型，用于城市宏基站场景下的无线信号传播预测。基站天线挂高通常为 25m，用户终端高度为 1.5 ～ 22.5m，小区半径为 10 ～ 5000m，支持频率为 0.5 ～ 100GHz 的高频段。Uma 模型分为视距（LoS）传播模型和非视距（NLoS）传播模型两种。

Uma（LoS）模型的路径损耗公式如下。

$$\begin{aligned} PL_{\text{Uma-LoS}} &= \begin{cases} PL_1, & 10\text{m} \leqslant d_{\text{2D}} \leqslant d'_{\text{BP}} \\ PL_2, & d'_{\text{BP}} \leqslant d_{\text{2D}} \leqslant 5\text{km} \end{cases} \\ PL_1 &= 28.0 + 22\lg d_{\text{3D}} + 20\lg f_c \\ PL_2 &= 28.0 + 40\lg d_{\text{3D}} + 20\lg f_c - 9\lg\left[(d'_{\text{BP}})^2 + (h_{\text{BS}} - h_{\text{UT}})^2\right] \end{aligned} \quad （2-8）$$

其中的参数含义如下。

① d_{2D} 为基站天线至终端的二维距离。

② d_{3D} 为基站天线至终端的三维距离。

③ d'_{BP} 为断点距离，$d'_{BP} = \dfrac{4h_b h_m f_c}{3.0 \times 10^8}$。

④ f_c 为载波中心频率。

Uma（NLoS）模型的路径损耗公式如下。

$$PL_{Uma-NLoS} = \max\left(PL_{Uma-LoS}, PL'_{Uma-NLoS}\right) \quad\quad (2\text{-}9)$$
$$PL'_{Uma-NLoS} = 13.54 + 39.08\lg d_{3D} + 20\lg f_c - 0.6(h_{UT} - 1.5)$$

在 Uma（NLoS）模型中，默认 $h_{BS}=25m$，$h_{UT}=1.5m$。

5. Umi 模型

Umi 模型是 3GPP 36.873 和 3GPP 38.900 协议定义的电波传播模型，应用频率为 0.5 ～ 100GHz，适用于城市宏基站场景下的无线信号传播预测，站间距一般小于 200m，发射天线有效高度为 10m，接收天线有效高度为 1.5 ～ 22.5m。Umi 模型分为 LoS 和 NLoS 两种。

Umi（LoS）模型的路径损耗公式如下。

$$PL_{Umi-LoS} = \begin{cases} PL_1, & 10m \leqslant d_{2D} \leqslant d'_{BP} \\ PL_2, & d'_{BP} \leqslant d_{2D} \leqslant 5km \end{cases}$$
$$PL_1 = 32.4 + 21\lg d_{3D} + 20\lg f_c \quad\quad (2\text{-}10)$$
$$PL_2 = 32.4 + 40\lg d_{3D} + 20\lg f_c - 9.5\lg\left[\left(d'_{BP}\right)^2 + \left(h_{BS} - h_{UT}\right)^2\right]$$

Umi（NLoS）模型的路径损耗公式如下。

$$PL_{Umi-NLoS} = \max\left(PL_{Umi-LoS}, PL'_{Umi-NLoS}\right)$$
$$PL'_{Umi-NLoS} = 35.3\lg d_{3D} + 22.4 + 21.3\lg f_c - 0.3(h_{UT} - 1.5) \quad\quad (2\text{-}11)$$

其中的参数含义如下。

① d_{3D} 为基站天线到终端的距离。

② f_c 为载波频率。

③ h_{UT} 为接收机绝对高度。

④ $d_{BP} = 4h'_{BS}h'_{UT}f_c / c$，而 $h'_{BS} = h_{BS} - 1$，$h'_{UT} = h_{UT} - 1$，f_c 为频率，$c = 3.0 \times 10^8 m/s$。

⑤ h_{BS} 为天线绝对高度。

6. Rma 模型

Rma 模型是 3GPP 36.873 和 3GPP 38.900 协议定义的传播模型，应用频率为 0.5 ～ 100GHz，适用于半径为 10 ～ 10000m 的乡村宏蜂窝系统，发射天线有效高度为 10 ～

150m，接收天线有效高度为 1～10m。Rma 模型分为 LoS 和 NLoS 两种。

Rma（LoS）模型的路径损耗公式如下。

$$PL_{\text{Rma-LoS}} = \begin{cases} PL_1, & 10\text{m} \leqslant d_{2D} \leqslant d_{BP} \\ PL_2, & d_{BP} \leqslant d_{2D} \leqslant 10\text{km} \end{cases}$$

$$PL_1 = 20\lg(40\pi d_{3D} f_c/3) + \min(0.03h^{1.72},10)\lg d_{3D} - \min(0.044h^{1.72},14.77) + 0.002\log_{10}(h)d_{3D} \qquad (2\text{-}12)$$

$$PL_2 = PL_1(d_{BP}) + 40\lg(d_{3D}/d_{BP})$$

Rma（NLoS）模型的路径损耗公式如下。

$$PL_{\text{Ram-NLoS}} = \max(PL_{\text{Rma-LoS}}, PL'_{\text{Rma-NLoS}}), 10\text{m} \leqslant d_{2D} \leqslant 5\text{km}$$

$$PL'_{\text{Rma-NLoS}} = 161.04 - 7.1\lg W + 7.5\lg h - \left[24.37 - 3.7(h/h_{BS})^2\right]\lg h_{BS} + (43.42 - 3.1\lg h_{BS})(\lg d_{3D} - 3) + 20\lg f_c - \left\{3.2\left[\lg(11.75h_{UT})\right]^2 - 4.97\right\} \qquad (2\text{-}13)$$

其中的参数含义如下。

① h 为建筑物平均高度，默认为 5m。

② W 为街道平均宽带，默认为 20m。

7. InH 模型

InH 模型是 3GPP 36.873 和 3GPP 38.900 协议定义的传播模型，应用频率为 0.5～100GHz，适用于半径为 3～150m 的室内微蜂窝系统，发射天线有效高度为 3～6m，接收天线有效高度为 1～2.5m。InH 模型分为 LoS 和 NLoS 两种。

InH（LoS）模型的路径损耗公式如下。

$$PL_{\text{InH-LoS}} = 32.4 + 17.3\lg d_{3D} + 20\lg f_c \qquad (2\text{-}14)$$

InH（NLoS）模型的路径损耗公式如下。

$$PL_{\text{InH-NLoS}} = \max(PL_{\text{InH-LoS}}, PL'_{\text{InH-NLoS}})$$

$$PL'_{\text{InH-NLoS}} = 38.3\lg d_{3D} + 17.30 + 24.9\lg f_c \qquad (2\text{-}15)$$

其中的参数含义如下。

① d_{3D} 为基站天线到终端的距离。

② f_c 为载波频率。

8. ITU-R P.1238 模型

ITU-R P.1238 是国际电信联盟（ITU）发布的建议书，专门用于规划频率范围在 300MHz ~ 450GHz 内的室内无线电通信系统和无线局域网（WLAN）的传播数据和预测方法。建议书提出的 ITU-R P.1238 模型为室内环境中的无线信号传播提供了全面的指导，涵盖了路径损耗、时延扩展、极化效应、建筑材料影响等多个方面。

ITU-R P.1238 模型（适用于同一楼层）的路径损耗公式如下。

$$PL_b(d,f) = 10\alpha\lg d + \beta + 10\gamma\lg f + N(0,\sigma) \qquad (2\text{-}16)$$

其中的参数含义如下。

① d 为发射端与接收端的三维直线距离。

② f 为电磁波频率。

③ α、β、γ 为环境相关系数，具体见表 2-2。

④ $N(0,\sigma)$ 为高斯随机变量，均值为 0，标准差为 σ。

表2-2　ITU-R P.1238模型的环境相关系数

环境	LoS 模型 /NLoS 模型	f 范围（GHz）	距离（m）	α	β	γ	σ
办公室	LoS 模型	0.3 ~ 83.5	2 ~ 27	1.46	34.62	2.03	3.76
	NLoS 模型	0.3 ~ 82.0	4 ~ 30	2.46	29.53	2.38	5.04
走廊	LoS 模型	0.3 ~ 83.5	2 ~ 160	1.63	28.12	2.25	4.07
	NLoS 模型	0.625 ~ 83.5	4 ~ 94	2.77	29.27	2.48	7.63
工业区	LoS 模型	0.625 ~ 70.28	2 ~ 102	2.34	24.26	2.06	2.67
	NLoS 模型	0.625 ~ 70.28	5 ~ 110	3.66	22.42	1.34	9.00
会议室 / 讲堂	LoS 模型	0.625 ~ 82.0	2 ~ 21	1.61	28.82	2.37	3.28
	NLoS 模型	7.075 ~ 82.0	4 ~ 25	2.07	28.13	2.67	3.67

此外，ITU-R P.1238 建议书还提出了考虑跨楼层穿透损耗的位置专用模型。

9. 通用传播模型

在实际应用过程中，还需要考虑现实环境中各种地物地貌对电波传播的影响，以保证预测结果的准确性。因此，在各种规划软件中，一般会使用通用的传播模型，并能够根据各个地区的不同情况，对模型参数进行校正后再使用。

通用传播模型的路径损耗公式如下。

$$PL = K_1 + K_2 \lg d + K_3 \lg\left(H_{Txeff}\right) + K_4 \times N_{Diffractionloss} +$$
$$K_5 \lg d \times \lg\left(H_{Txeff}\right) + K_6 \lg\left(H_{Rxeff}\right) + K_{Clutter} f\left(Clutter\right) \quad (2\text{-}17)$$

其中的参数含义如下。

① K_1 为与频率相关的常数。

② K_2 为距离衰减常数。

③ d 为发射天线和接收天线之间的水平距离。

④ K_3 为基站天线高度修正系数。

⑤ H_{Txeff} 为发射天线的有效高度。

⑥ K_4 为绕射损耗的修正因子。

⑦ $N_{Diffractionloss}$ 为传播路径上障碍物的绕射损耗。

⑧ K_5 为基站天线高度与距离的修正系数。

⑨ K_6 为终端天线高度修正系数。

⑩ H_{Rxeff} 表示接收天线的有效高度。

⑪ $K_{Clutter}$ 为地物地貌的修正因子。

⑫ $f(Clutter)$ 为地物地貌加权平均损耗。

不同地物地貌的参考修正值见表2-3。

表2-3　不同地物地貌的参考修正值

地物地貌	$K_{Clutter}$	地物地貌	$K_{Clutter}$
内陆水域	−1	高层建筑	18
海域	−1	普通建筑	2
湿地	−1	大型低矮建筑	−0.5
乡村	−0.9	成片低矮建筑	−0.5
乡村开阔地带	−1	其他低矮建筑	−0.5
森林	15	密集新城区	7
郊区城镇	−0.5	密集老城区	7
铁路	0	城区公园	0
城区半开阔地带	0		

2.3.2 单站点覆盖估算

目前，某地区运营商打算新建 5G 网络，占用频段为 4900MHz，试计算单站点覆盖面积和为了满足覆盖需求本地区应建设的站点数目。终端功率等信息见表 2-4。

表2-4 终端功率等信息

参数	数值	参数	数值
终端发射功率 /dBm	26	阴影衰落余量 /dB	12
终端天线增益 /dBi	0	对接增益 /dB	5
基站灵敏度 /dBm	−126	建筑物平均高度 /m	23
基站天线增益 /dBi	10	单站小区数 / 个	3
上行干扰余量 /dB	3	街道平均宽度 /m	20
线缆损耗 /dB	0.1	终端高度 /m	1.6
人体损耗 /dB	0	基站高度 /m	25
穿透损耗 /dB	26	工作频率 /MHz	4900
本地区面积 /km^2	2000		

1. 计算最大允许路损

最大允许路损是指在无线网络规划中，为了保证无线信号的质量而规定的最大信号衰减值。超过最大允许路损将会导致无线信号质量下降，影响通信质量和速率。最大允许路损通常是根据网络覆盖范围、所需容量、传输速率和用户体验等因素进行评估和制定的。在 2.3.1 节中，各个模型中的"PL"便是最大允许路损。

PL= 终端发射功率 + 终端天线增益 + 对接增益 + 基站天线增益 − 基站灵敏度 −

上行干扰余量 − 线缆损耗 − 人体损耗 − 穿透损耗 − 阴影衰落余量

将表 2-4 中的各项数据代入，可得 PL 为 125.9dB。

2. 选择传播模型

根据表 2-1 的传播模型和目前的覆盖需求，应当选用 4900MHz 左右的频段且覆盖市区场景的模型，因此，可以选择 Uma 和 Umi 两个模型，本次选用 Uma 模型。由于在普遍认知下，市区的视野并不会很好，因此选用 Uma 中的 NLoS 模型公式。

3. 计算传输距离

将表 2-4 中的各类信息代入式（2-9）［即 Uma（NLoS）模型公式］，此时，PL= 125.9dB，W（街道平均宽度）=20m，h（建筑物平均高度）=23m，h_{BS}（天线绝对高度，即基站高度）=25m，d_{3D} 为基站天线到终端的距离（即本次需要求解的参数），f_c（工作频率）=4900MHz，h_{UT}（接收机绝对高度，即终端高度）=1.6m，计算可得 $\lg d_{3D} \approx$ 2.48，$d_{3D} \approx 302$m。

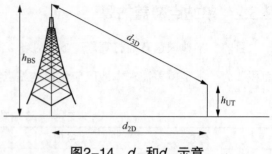

图2-14　d_{2D}和d_{3D}示意

4. 计算覆盖半径

d_{2D} 和 d_{3D} 示意如图 2-14 所示。

依据勾股定理可知，d_{3D} 计算公式如下。

$$d_{3D}^2 = d_{2D}^2 + \left(h_{BS} - h_{UT}\right)^2$$

其中的参数含义如下。

① d_{3D} 为基站天线到终端的直线传输距离，即 302m。

② d_{2D} 为基站覆盖半径。

③ h_{BS} 为天线绝对高度，即 25m。

④ h_{UT} 为接收机绝对高度，即 1.6m。

计算可得 $d_{2D} \approx 301.09$m。

5. 计算覆盖站点数

单站点覆盖面积计算公式如下。

$$S_1 = 1.95 \times d_{2D}^2 \big/ 3 \times n \times 10^{-6}$$

其中的参数含义如下。

① S_1 为单站点覆盖面积。

② d_{2D} 为基站覆盖半径。

③ n 为单站点小区数目，本次规划数值为 3。

计算可得 $S_1 \approx 0.18$km²。

由于本地区面积为 2000km²，因此可以规划建设站点为 11111 个。

2.3.3　5G网络仿真预测

5G 基站无线网络规划常用的软件包括中通服咨询设计研究院有限公司的 UEtray、Forsk 公司的 Atoll、Infovista 公司的 Mentum Planet 等。本小节以 UEtray 软件为例进行讲解，该软件是一款可定制区域的网络仿真软件，采用浏览器 / 服务器（B/S）架构，通过导入电子地图，设置仿真区域、传播模型、天馈模型等，再经云端大数据计算后，最终输出结果和栅格化云图。该软件实现 5G 基站无线网络规划共有 5 个步骤，分别是基础信息设置、地图及区域设置、模型与工参设置、其他配置和确认信息，具体如下。

1. 基础信息设置

基础信息的设置需要根据实际网络情况来选择，本次的设置并无参照，即随意选取。其中 4800 TDD 代表本次仿真的网络处于时分双工（TDD）频段，为 4800MHz。基础信息设置如图 2-15 所示。

图2-15 基础信息设置

2. 地图及区域设置

在基础信息设置完毕后，开始进行地图及区域设置，首先单击"地图选择"中的"新建"按钮，如图 2-16 所示。

图2-16 地图及区域新建

接着录入相关信息，单击"文件导入"按钮导入地图，如图 2-17 所示。

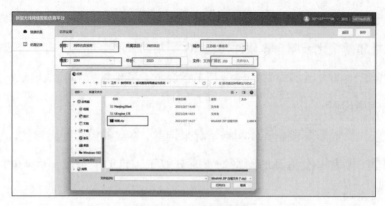

图2-17 导入地图

然后单击"保存"按钮保存新建地图，如图 2-18 所示。

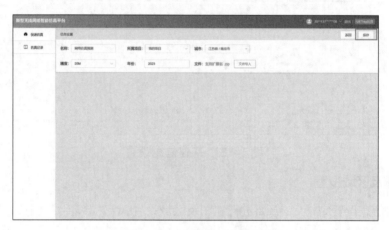

图2-18 保存新建地图

保存完毕后会返回"地图及区域"界面，这个时候在"仿真区域"模块中，单击"新建"按钮，如图 2-19 所示。

图2-19 仿真区域新建

进入新建仿真区域的界面后，"名称"处输入信息，其余地形配置为该区域内各个地形的数量，此处需要根据实际情况修改，本次仿真未改动。最后单击"保存"按钮，如图2-20所示。

图2-20 仿真区域设置

此时，"地图及区域"中"仿真区域"会多出一个条目。单击"全部"按钮选择全部仿真区域，再单击"下一步"按钮，如图2-21所示。

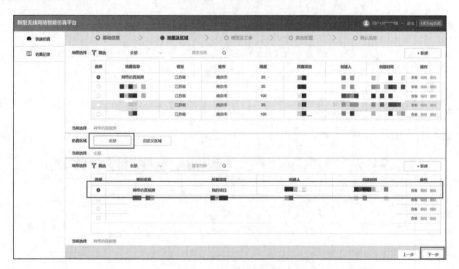

图2-21 地图及区域设置

3. 模型及工参设置

在完成地图及区域设置后，需设置模型及工参。首先单击"模型设置"中的"新建"按钮，如图2-22所示。

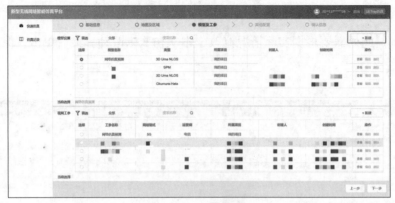

图2-22　新建模型

接着需要根据实际情况，选择正确的模型类型，输入正确的工作频率等，完成后单击"保存"按钮，如图 2-23 所示。

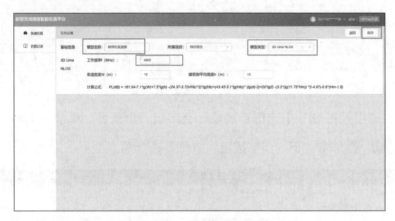

图2-23　保存模型设置

此时可以看见新建的模型。然后需要录入现网工参信息，即单击"现网工参"中的"新建"按钮，如图 2-24 所示。

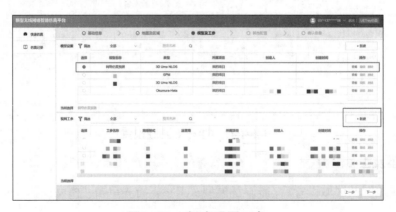

图2-24　新建现网工参

最后根据实际情况录入"名称"后，单击"文件导入"按钮进行工参表导入，如图 2-25 所示。

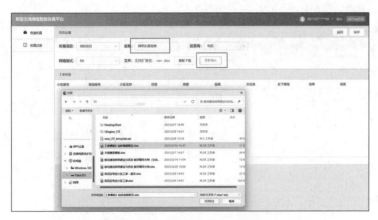

图2-25 导入现网工参表

工参表导入完成后，单击"保存"按钮，如图 2-26 所示。

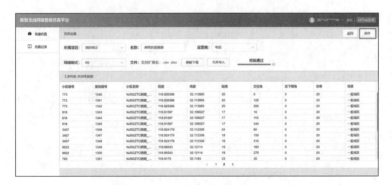

图2-26 保存现网工参表

返回到"模型及工参"界面后，可以选择刚才新增的现网工参表，单击"下一步"按钮，如图 2-27 所示。

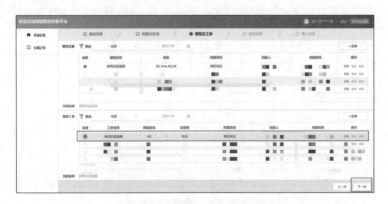

图2-27 选择现网工参表

4.其他配置

完成模型及工参的设置后，下面要进行的便是其他配置了。首先单击"颜色选择"中的"新建"按钮，如图2-28所示。

图2-28　新建颜色

此处为RSRP值的颜色配置，录入"名称"后，单击"保存"按钮，如图2-29所示。

图2-29　指标类型颜色配置

接着单击"天线选择"中的"新建"按钮，如图2-30所示。

图2-30　新建天线

录入名称和增益后，单击"文件导入"，选择天线参数文件，如图 2-31 所示。

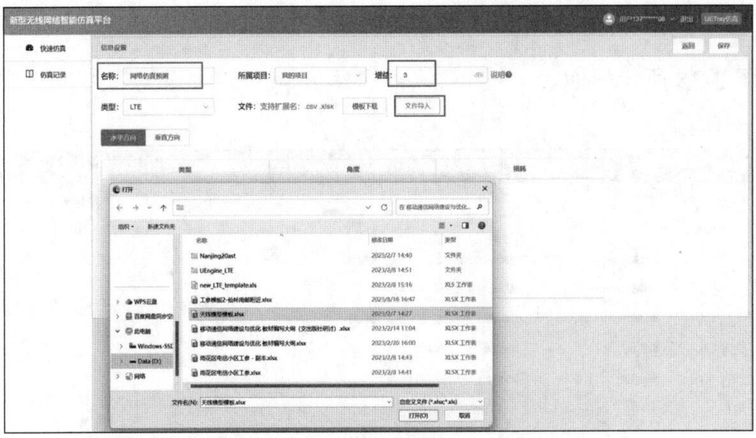

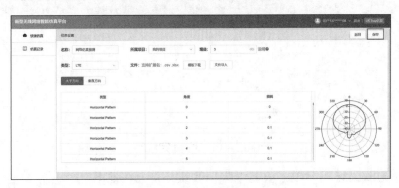

图2-31　天线参数导入设置

生成天线方向图后单击"保存"按钮，如图 2-32 所示。

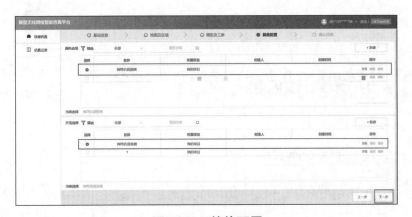

图2-32　保存天线方向图

返回"其他配置"界面后，可以看到新建的条目，单击"下一步"按钮，如图 2-33 所示。

图2-33　其他配置

5. 确认信息

其他配置完成后，需要进行信息确认。确认信息后，单击图2-34所示的"开始仿真"按钮，呈现图2-35所示界面。

图2-34 确认信息并开始仿真

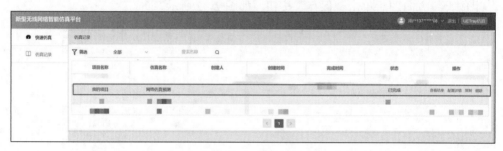

图2-35 仿真完成

接着单击图2-35所示的"查看结果"按钮，将会在地图上呈现不同颜色的热点区域，其中绿色信号（最下面一行）最好，黑色信号（最上面一行）最差，仿真结果如图2-36所示。

放大热点区域后，还可以看到更细的热点分布，更加直观地指导后期站点规划。

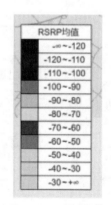

图2-36 仿真结果

任务4 认识5G核心网

2.4.1 NFV和SDN的定义

在5G快速发展的背景下，网络架构的灵活性、可编程性和高效性变得愈发重要。为了满足日益增长的网络需求和不断变化的业务场景，NFV和SDN等新一代网络技术逐渐成为人们关注的焦点。这些技术为网络的构建、管理和维护提供了全新的思路和方法。

1. NFV 的定义

网络功能虚拟化（NFV）是一种创新的网络架构方法，它通过将传统的网络功能从专用硬件设备中解耦出来，转化为在通用服务器上运行的软件实例，从而实现网络功能的虚拟化和软件化。NFV 的优势主要体现在降低成本、提高灵活性和加快服务创新等方面。通过使用标准化的硬件平台，NFV 能够显著减少对昂贵专用设备的依赖，从而降低设备采购和维护成本。此外，NFV 的灵活性使得网络服务可以根据实际需求快速调整规模，无须担心物理设备的限制，大大缩短了新业务的上线时间。在 5G 网络中，NFV 更是发挥着关键作用，它不仅支持网络切片等特性，满足不同行业和应用场景的定制化需求，还通过与软件定义网络（SDN）等技术的结合，进一步提升了网络的智能化和自动化水平。

2. SDN 的定义

软件定义网络（SDN）核心思想是将网络的控制平面与数据转发平面分离，通过软件编程实现网络的配置和管理。SDN 架构主要包括控制器、数据平面、南向接口和北向接口。控制器作为网络的集中管理点，负责整体网络的配置和优化；数据平面负责数据包的转发。这种架构使得网络管理更加灵活、高效，并且能够快速适应业务需求的变化。

SDN 的优势主要体现在灵活性、集中管理和成本效益等方面。通过转控分离，SDN 能够实现网络资源的动态调配和优化，支持快速的网络调整。集中化的管理方式简化了网络配置和监控，降低了运维复杂性。此外，SDN 还支持网络的自动化部署和安全策略的集中管理，能够有效提高网络的安全性和资源利用率。

2.4.2 NFV和SDN

1. NFV

NFV 是一种利用虚拟化技术将传统网络功能从专用硬件设备中抽离出来，并通过软件形式运行在标准化的通用 IT 设备（如 x86 服务器、存储和交换设备）上的技术。NFV 的目标是取代通信网络中私有、专用和封闭的网元，实现统一的通用硬件平台与业务逻辑软件的开放架构。

（1）NFV 架构

NFV 架构主要包括 3 个核心部分：网络功能虚拟化基础设施（NFVI）、虚拟网络功能（VNF）和管理与编排（MANO），如图 2-37 所示。

① NFVI：为 VNF 提供运行环境，包括硬件资源（计算、存储、网络）和虚拟化层（如虚拟机管理程序或容器管理平台）。它将硬件资源抽象化，形成虚拟资源，支持多种 VNF 的运行。

② VNF：是实现网络功能（如防火墙、路由器、负载均衡器等）的软件应用，以虚拟机或容器的形式运行在 NFVI 上。由于 NFVI 的标准化，VNF 不再依赖于专用硬件。

③ MANO：是 NFV 架构的管理框架，负责 VNF 和 NFVI 的统一管理、自动化编排和生命周期管理。它包括虚拟化基础设施管理器（VIM）、VNF 管理器（VNFM）和 NFV 编排器（NFVO）。

（2）NFV 应用场景

① 数据中心互联：NFV 能够优化数据中心间的流量调度，提高资源利用率。

② 移动通信：在 5G 网络中，NFV 能够有效支撑大规模连接需求，降低时延。

③ 物联网（IoT）：NFV 为处理海量数据并快速响应的应用场景提供了灵活高效的解决方案。

④ 企业私有云：NFV 帮助企业在私有云环境中构建更加安全可靠的网络服务。

⑤ 边缘计算：NFV 支持将网络功能部署在靠近用户的位置，实现低时延和高带宽的服务。

（3）NFV 优点

① 降低成本：NFV 通过使用标准化的通用硬件，减少了对专用硬件的依赖，从而降低了硬件采购和维护成本。

② 提高灵活性和可扩展性：NFV 的网络功能以软件形式运行，可根据需求快速部署、扩展或迁移，适应动态的业务需求。

③ 加速服务部署：NFV 支持通过软件编程快速实例化新的网络功能，显著提升了服务的部署速度。

④ 提升资源利用率：NFV 支持在通用服务器上运行多个 VNF，实现资源的共享和复用，提高了硬件资源的利用率。

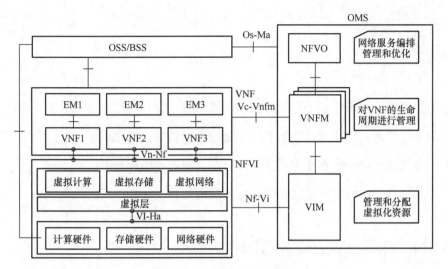

图2-37 NFV网络架构

2. SDN

SDN 是一种新型网络架构，其核心思想是将网络的控制平面与数据平面分离，通过集中控制器实现对网络的灵活控制和高效管理。这种架构使得网络管理更加集中化、自动化，并支持通过软件编程对网络进行动态调整。

（1）技术原理

① 控制平面与数据平面分离：在传统网络中，控制平面和数据平面紧密集成在网络设备。而 SDN 将控制平面分离象出来，集中到 SDN 控制器上。控制器通过南向接口协议（如 OpenFlow 协议）与网络设备通信，动态调整数据包的转发路径。

② 集中化管理：SDN 控制器作为网络的"大脑"，能够实时监控网络状态，并根据全局视图和预定义策略动态调整网络配置。

③ 可编程性：SDN 支持通过北向接口（通常是 API）进行网络编程，允许管理员或应用程序灵活定义网络行为。

（2）应用场景

① 数据中心网络：SDN 能够优化数据中心的网络资源分配，支持虚拟机的动态迁移和资源池化，提高网络效率。

② 广域网优化：通过动态调整路由和带宽分配，SDN 可以优化广域网的流量管理，减少时延和拥塞。

③ IoT：SDN 可简化大规模 IoT 设备的网络管理，支持跨设备和协议的路由优化。

④ 网络安全：SDN 能够实时监控流量并快速响应安全威胁，通过动态调整网络策略来隔离威胁。

（3）优点

① 灵活性和可扩展性：SDN 支持快速调整网络配置，适应业务需求的变化。

② 集中化管理：SDN 通过控制器集中管理网络设备，简化运维。

③ 资源优化：SDN 能够动态调整资源分配，提高网络利用率。

④ 可编程性：SDN 支持通过软件编程实现网络自动化和创新。

2.4.3 NFV和SDN在5G核心网中的应用

在 5G 核心网中，NFV 和 SDN 的应用是实现高效、灵活和可扩展网络的关键。

1. NFV 在 5G 核心网中的应用

① 云化架构：5G 核心网采用 NFV，将网络功能虚拟化为多个微服务组件，运行在通用的 x86 服务器上。这种云化架构支持按需分配资源，能够快速响应业务需求。

② 网络切片：NFV 支持网络切片技术，允许将一个物理网络划分为多个逻辑网络，为不同的业务（如 EMBB、MMTC、URLLC）提供定制化的服务。

③ 平滑演进：NFV 使得 5G 核心网能够与现有 4G 网络无缝集成，支持从 4G 到 5G 的平滑演进，降低运营商的升级成本。

2. SDN 在 5G 核心网中的应用

① 控制与转发分离：SDN 将网络的控制功能集中到 SDN 控制器，通过 API 实现对网络资源的动态管理和配置。这种架构使得网络能够根据流量需求实时调整资源分配。

② 网络切片管理：SDN 在 5G 核心网中用于管理和编排网络切片，确保不同切片之间的隔离和资源分配，满足不同业务的性能需求。

③ 边缘计算支持：SDN 能够将计算和存储资源下沉到网络边缘，支持边缘计算的应用，从而降低时延，提升用户体验。

3. NFV 与 SDN 的协同作用

NFV 和 SDN 在 5G 核心网中相互补充，共同实现网络的高效管理和灵活配置。

① 资源池化与自动化管理：NFV 将网络功能虚拟化，运行在通用硬件上，形成资

源池；SDN 则通过集中控制实现资源的动态分配和自动化管理。

② 网络切片的实现：NFV 提供虚拟化资源，SDN 负责切片的管理和编排，二者协同实现 5G 网络切片的灵活创建和管理。

③ 支持新业务快速上线：NFV 和 SDN 的结合使得 5G 核心网能够快速部署新业务，缩短业务上线时间，提升运营商的市场竞争力。

2.4.4 5G核心网架构

1. 5G 核心网关键特性

（1）灵活性与可编程性：支持多种业务场景和需求

5G 核心网具有高度的灵活性和可编程性，可以根据不同的业务需求和场景进行定制和配置。这使得 5G 核心网能够适应多样化的业务要求，可应用于增强移动宽带、物联网、车联网等各种应用。

（2）分布式架构与云化：支持网络功能的灵活部署

5G 核心网采用分布式架构和云化技术，使网络功能可以在不同位置进行部署，包括核心数据中心、边缘云和用户设备。这种灵活的部署方式能够提高网络的响应速度和资源利用率。

（3）网络切片：实现定制化的网络服务

5G 核心网支持网络切片技术，可以为不同的业务场景创建定制化的网络切片。每个切片都具有独立的性能特性和配置，以满足各类服务的不同需求。

2. 5G 核心网的主要组成部分

5G 核心网的主要组成部分如图 2-38 所示。

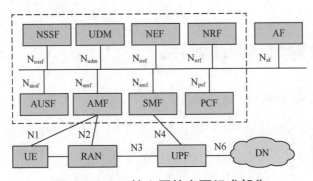

图2-38 5G核心网的主要组成部分

① 接入和移动性管理功能（AMF）：负责用户的接入、鉴权和移动性管理，确保用户可以在不同位置进行无缝切换。

② 会话管理功能（SMF）：处理用户会话的管理和策略控制，保障用户连接的稳定和高效。

③ 用户面功能（UPF）：负责用户面的数据传输，确保用户数据的高速传送和低时延。

④ 统一数据管理（UDM）：统一数据管理功能，处理用户配置和策略信息，保障用户数据的一致性和安全性。

⑤ 认证服务功能（AUSF）：提供用户身份认证和安全策略控制，确保网络和用户隐私安全。

⑥ 网络开放功能（NEF）：提供网络功能的外部接口，允许第三方应用访问网络资源，实现服务的开放和创新。

⑦ 网络切片选择功能（NSSF）：负责根据用户的需求，从多个可用的网络切片中选择最适合的切片。它考虑了用户的位置、性能要求、服务质量等因素来进行切片选择和管理。

⑧ 网络存储功能（NRF）：管理和存储网络功能信息，支持NFV和网络切片等功能的实现。

⑨ 策略控制功能（PCF）：负责策略控制和策略决策，以确保网络资源的有效分配和优化，从而满足不同业务和用户的需求。

⑩ 应用功能（AF）：负责与应用程序和业务相关的功能，例如和应用程序的交互、网络资源的分配等，以便支持网络中的不同应用和服务。

任务5　计算5G核心网容量

当设计和规划5G网络时，确保网络能够满足不同用户和应用的需求是至关重要的。其中，计算5G核心网容量是一项关键任务，它涉及对网络中的无线资源和核心网络资源进行合理分配和规划，以确保网络的性能和可扩展性。

本任务聚焦于5G核心网容量的计算。通过合理分配和规划网络中的无线资源与核心网络资源，保障网络性能和可扩展性，确保网络能够满足不同用户和应用的需求。本任务将从无线网单站容量核算和核心网容量计算两个关键方面进行介绍。

本次沿用 2.3.2 节中的信息，在此基础上进行容量规划。假设某城市面积为 2000 平方千米，5G 用户有 1050 万户，已经建设 5G 无线网站点 5000 个，5G 无线基站的单小区 RRC 最大用户数为 800，单站小区为 3 个。倘若需要完成网络全覆盖，还需要规划建设多少个站点？

2.5.1 无线网单站容量核算

2.3.2 节已经得出该地区如果采用 4900MHz 的频段建设 5G 网络，需要规划建设站点 11111 个。但是仅从覆盖方面考虑规划建设站点的数量是片面的，还需要核算单站容量，即在满足单站容量需求的情况下，应该规划建设多少个 5G 站点。

容量核算公式如下。

容量规划站点数 = 本地区 5G 用户数 / 单小区 RRC 最大用户数 / 单站小区数

网络规划站点数 =max（覆盖规划站点数，容量规划站点数）

具体计算进程如下。

① 容量规划站点数 =10500000/800/3=4375

②网络规划站点数 =max（覆盖规划站点数，容量规划站点数）

　　　　　　　=max（11111，4375）=11111

③ 还需要建设的站点数 =11111–5000=6111

虽然建设 4375 个站点已经满足容量需求，但是为了同时满足覆盖需求，需要建设 11111 个站点。因为已经建成 5000 个站点，所以最终还需要建设 6111 个站点。

2.5.2 核心网容量计算

在完成无线网单站容量核算后，需要判断在满足无线网站点建设需求的情况下，核心网应当提供多大的容量支持。核心网相关参数见表 2-5。

表2–5　核心网相关参数

单 VNF 占用内存 /GB	1.6
单 VNF 占用存储 /GB	5

续表

单 AMF 支持站点数目 / 个	1200
单 UPF 支持站点数目 / 个	1000
非对接无线 VNF 数量 / 个	8
单服务器内存 /GB	256
单服务器硬盘容量 /GB	4000

核心网容量计算公式如下。

$$AMF 数量 = 网络规划站点数 / 单 AMF 支持站点数$$

$$UPF 数量 = 网络规划站点数 / 单 UPF 支持站点数$$

$$VNF 数量 = AMF 数量 + UPF 数量 + 非对接无线 VNF 数量$$

$$VNF 总需求内存 = VNF 数量 \times 单 VNF 占用内存$$

$$VNF 总需求存储 = VNF 数量 \times 单 VNF 占用存储$$

$$服务器数量 - 内存 = VNF 总需求内存 / 单服务器内存$$

$$服务器数量 - 存储 = VNF 总需求存储 / 单服务器硬盘容量$$

$$服务器数量 = \max（服务器数量 - 内存，服务器数量 - 存储）$$

具体计算过程如下。

① AMF 数量 =6111/1200 ≈ 5.09(取 6 个)

② UPF 数量 =6111/1000 ≈ 6.11(取 7 个)

③ VNF 数量 =6+7+8=21(个)

④ VNF 总需求内存 =21 × 1.6=33.6(GB)

⑤ VNF 总需求存储 =21 × 5=105(GB)

⑥ 服务器数量 – 内存 =33.6/256 ≈ 0.13(取 1 个)

⑦ 服务器数量 – 存储 =105/4000 ≈ 0.03(取 1 个)

⑧ 服务器数量 =max(1，1)=1(个)

综上，满足本次需要建设的 6111 个无线网站点容量需求，核心网只需要 1 台服务器即可。读者可自行计算全部 11111 个无线网站点需要多少台服务器。

项目小结

在本项目的学习中，我们深入探讨了移动通信网络的架构和规划，从宏基站到 5G

核心网，从无线覆盖到网络虚拟化，为读者提供了全面的知识体系。通过学习前述内容，相信读者已经具备了分析移动通信网络的基本能力，能够为现实世界的通信网络规划与设计提供有力的支持。

我们相信，通过本项目的学习，读者不仅能拓宽自己的视野，还能掌握一系列实际操作技能。移动通信领域的实际建设工作需要多方面的知识和技能结合，而本项目的内容将为读者在未来的实践中提供坚实的基础。

习 题

1. 请分别描绘出 2G、3G、4G、5G 移动通信网络的架构。

2. 在资金充裕的情况下，是直接建设 SA 组网架构的 5G 无线网络，还是建设 NSA 组网架构的 5G 无线网络？在资金不充裕的情况下又如何选择？

3. 请根据 2.3.2 节的单站点覆盖估算，对通用传播模型进行计算。

4. NFV 和 VNF 的含义相同吗？如果不同，区别在哪里？

5. 学校在规划建设 5G 网络的初期勘察阶段，需考虑多种因素，其中电波传播模型的选择至关重要。请问可能用到哪些电波传播模型？并详细说明选用这些模型的原因。

项目三

建设移动通信基站

◎ 学习目标：
① 理解移动通信基站建设的流程和方法
② 能够完成一般的基站勘察任务
③ 认识天馈系统器件
④ 能够完成一般的站点设备安装任务

截至2023年10月底，我国5G移动电话用户达7.54亿户，5G行业虚拟专网超2万个，5G标准必要专利声明数量全球占比达42%，已建成全球规模最大、技术领先的5G网络。这一成绩离不开我国运营商携手创新的共建共享模式。

5G基站的建设和2G、3G、4G基站的建设没有太大的区别。基站建设需要工程队进行基站设备安装，基站设备提供厂家进行基站设备调测、基站设备工程优化等工作，基站建设到一定的规模后，还需要进行簇优化、全网优化等优化工作。5G基站的建设需要一系列配套工作，如基站机房的建设、基站电源系统的扩容、基站铁塔部分的配套、传输资源的配套等。5G基站还需要接入4G或者5G核心网，以及相应的核心网工程配套工作，因此基站建设是一个复杂的工程。

任务1 建设移动通信基站的流程

一般来说，移动通信基站建设应该包括项目启动、选址、勘察、设计、出版归档、会审修正等阶段。移动通信基站建设流程如图3-1所示。

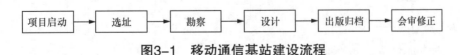

图3-1　移动通信基站建设流程

项目启动后，第一步是选址。选址是构建通信网络的基础，是移动网络建设的奠基石。选址不仅会影响网络在空间上的均衡覆盖，还会影响信号的质量，从而影响用户的体验。因此,做好选址工作是基站项目设计的一个重要步骤。

选址完成后,下一个重要工作就是勘察。勘察是对基站现场环境的勘测,通过工具测量、收集必备数据,形成勘察表、勘察草图等资料。这些勘察资料是后续设计工作的重要基础,因此勘察工作非常重要。

设计是在勘察基础上进行的,根据前期的勘察资料,制定符合实际情况和规范标准的方案。设计内容包括方案设计、结构设计、设备选型等。

设计的成果(如设计图纸、施工图纸等)需要进行出版归档,并进行会审。如果会审的结果是需要进行修正,则项目还会涉及设计修正。

3.1.1 基站站址勘察

1.基站站址勘察工作内容

(1)选址

工程阶段:初步设计或施工图设计。

工作内容:根据网络规划方案或现有网络布局情况,对新增或搬迁站点的建设位置进行选择。选址是网络建设从规划走向实施的第一步,实际网络是否基本符合规划设想,合适的选址至关重要。

(2)勘察

工程阶段:施工图设计。

工作内容:在移动基站建设现场对机房和天面进行详细勘察,收集设计工作的必备数据,这是设计的前提。勘察的主要成果有勘察资料(勘察表、勘察草图、照片等)、勘察数据。这些资料、数据是后续设计阶段的重要基础,必须保证其正确性和完整性。

2.基站选址流程与方法

基站选址流程如图 3-2 所示。

(1)基站选址方法

①选址前准备

• 计划:时间、地点、人、工作量、车、资金。

• 沟通:领导、建设单位、相关人员、司机。

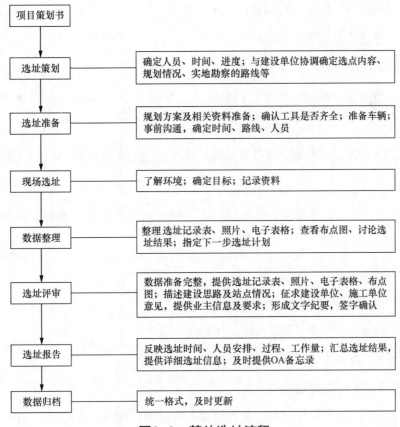

图3-2 基站选址流程

• 资料：电子地图（或纸质地图）、规划方案（如建设原则、建设思路、布点图）、通讯录、当地基本情况（如话务、覆盖、城市规划）。

• 工具：包、勘察夹、勘察表、勘察纸、四色笔、相机、笔记本电脑、指北针、测距仪、全球定位系统（GPS）设备、望远镜、皮尺、卷尺、车载电源等。

② 选址

• 了解环境：明确周围基站位置并核实规划目标。

• 确定目标：包括基本要求和安全性要求。

基本要求：包括位置、高度、机房、天面、承重、电、传输、业主等要求。

安全性要求：不同场景有不同的安全性要求，如洪涝区、高压电站、加油站、滑坡山体、航空管制区、易燃易爆区等。

• 记录资料：包括周围环境和基本信息。

周围环境：描述、拍照、建筑物外观（物业用）。

基本信息：位置、高度、机房条件、天面条件、承重、业主联系方式、特殊要求等。

• 填表（选址记录表）。

③ 选址后工作

• 当天：整理选址数据、照片、记录表、选址明细表、布点图；汇总讨论，确定选址目标。

• 离开选址城市前：向建设单位汇报选址情况；开会确定选址结果；请建设单位签字确认选址记录表。

• 返回单位后：汇总数据到公共目录；完成选址报告；填写工程项目备忘录。

（2）基站选址原则

① 基站选址原则——主要考虑因素

• 站点位置：与是否满足网络结构要求有关。

• 站点物业高度：与是否满足网络分层结构高度要求有关。

• 物业性质：与租赁谈判难易程度有关。

• 建筑物的新旧：与建设年代有关。

• 建筑物的结构：与框架结构、砖混结构，现浇板、预制板有关。

② 基站选址原则——其他考虑因素

• 土建条件：机房的楼层、面积、楼板负荷、净高；天面的位置、塔位、天线支撑杆位；天面上的防雷网。

• 电力、传输等条件：不同规模的基站有不同的电力负荷要求；适当考虑今后扩容和增加其他系统。

• 安全性要求：

不同场景有不同的安全性要求，如洪涝区、高压电站、加油站、铁路边、滑坡山体、航空管制区、易燃易爆区、粉尘区……

• 业主要求、市政规划情况：业主是否允许建杆、塔；市政拆迁、规划路等。

• 经济效益：建站成本、话务量高低。

③ 基站选址原则——网络不同阶段对站址的要求

• 初期：广覆盖，小容量。

• 中期：覆盖与容量兼顾。

- 后期：完善覆盖、深度覆盖、话务热点、新业务需求。

④ 基站选址原则——基站选址与站型特点结合

基站站型特点见表 3-1。

表3-1 基站站型特点

基站	类型	覆盖能力	容量	机房需求	电源需求	传输要求	其他需求	投资
宏基站	全向	较强	大	空调房	直流/电池	光纤/微波	无	较大
	功率分配器	较强	大	空调房	直流/电池	光纤/微波	功分器	较大
	小区分裂	强	大	空调房	直流/电池	光纤/微波	无	较大
	多载波	较强	大	空调房	直流/电池	光纤/微波	伪导频设备	较大
	超远覆盖	最强	大	空调房	无	无	塔放/高增益天线/软件更新	较大
微基站		较弱	小	室外	交/直流	光纤/微波	无	较小
直放站	光纤	弱	无	室外	交/直流	无	光纤	小
	射频	弱	无	室外	交/直流	无	无	小
	移频	弱	无	室外	交/直流	无	无	小
	太阳能	弱	无	室外	无	无	太阳能电池板	小
射频拉远		较弱	取决于施主基站	室外	交/直流	取决于施主基站	光纤	较小

（3）基站选址覆盖区域要求

① 密集市区

密集市区指密集的高层建筑群、密集商住楼构成的商业中心区，特点如下。

- 传播环境：高楼林立，多径现象严重，易阻挡（玻璃幕墙）。

- 覆盖目标：多样化（道路覆盖，深度覆盖，热点覆盖）。

- 可用手段：高层站、中层站、街道站。

- 难点：物业谈判难，机房难找，业主要求多。

密集市区的注意事项如下。

- 多种覆盖手段相结合（室外＋室内分布系统）。

- 尽量利用公共设施（如宾馆、酒店、政府机构），居民楼难度较大。

- 机房可利用简易机房，天馈系统注意美化。

密集市区存在于大中城市的中心，区域内的建筑物平均高度或平均密度明显高于城市内其他建筑物，地形相对平坦，中高层建筑较多。选择高楼包围圈内高度适中的建筑物设站。

② 普通市区

普通市区指城市内具有建筑物平均高度和平均密度的区域,或经济较发达、有较多建筑物的县城和卫星城,特点如下。

• 传播环境:5～9层高楼,楼间距为10～20m,建筑物分布比较均匀,周边道路宽度适中。

• 覆盖目标:覆盖与容量兼顾,容量＞覆盖,部分热点覆盖。

• 可用手段:中层站、街道站。

• 重点:规范网络结构,控制站点高度(35～40m)。

普通市区的注意事项如下。

• 利用塔/架,较高的站点加大下倾角。

• 室外分布系统。

• 适当利用塔/架,控制站点高度。

普通市区的典型建筑物高度为7～9层,其中夹杂少量的10～20层高楼。选择有相对高度优势的建筑物设站。

③ 郊区乡镇

郊区乡镇一般为城市边缘的城乡接合部、工业区,以及远离中心城市的乡镇,特点如下。

• 传播环境:建筑物平均高度为10～15m(3～5层),分布比较均匀,平均楼距为30～50m。

• 覆盖目标:覆盖与容量兼顾站,覆盖＞容量。

• 可用手段:中层站。

• 重点:规范网络结构,控制站点高度(40～50m)。

郊区乡镇的注意事项如下。

• 道路与镇区覆盖兼顾。

• 适当利用塔/架,提高站点覆盖能力。

郊区乡镇的建筑物稀疏,基本上无高层建筑。

④ 乡村

乡村的特点如下。

● 传播环境：建筑物平均高度为 10m 以下（以 1～2 层房子为主），散落分布，有较大面积的开阔地。

● 覆盖目标：以覆盖站为主。

● 可用手段：中层站、微基站、直放站。

● 重点：控制投资，提高站点利用率。

乡村的注意事项如下。

● 道路覆盖。

● 利用塔 / 架，提高站点覆盖能力。

● 一般为孤立村庄或管理区，区域内建筑较少，周围有成片的农田和开阔地或位于城区外的交通干线。

⑤ 山区

山区的特点如下。

● 传播环境：树木多，多径，阻挡较严重。

● 覆盖目标：主要是道路，部分小乡镇或村庄以覆盖站为主。

● 可用手段：高层站、微基站、直放站。

● 重点：控制投资，提高站点覆盖能力。

山区的注意事项如下。

● 风景区覆盖、道路覆盖。

● 传输与电力难以解决。

● 考虑山体滑坡的可能，利用铁塔可提高站点覆盖能力。

⑥ 道路

道路的注意事项如下。

● 道路覆盖往往要结合乡镇和乡村覆盖。

● 对于单纯的道路覆盖站点要考虑两点：提高覆盖效率，降低投资。

● 可用手段：功分站，直放站。

⑦ 海岸和水路覆盖

海岸和水路覆盖的特点如下。

● 传播环境：水面反射，信号传播距离远。

● 覆盖目标：覆盖站为主。

● 可用手段：高层站、中层站、超远覆盖站。

● 重点：控制覆盖范围，减少干扰。

3.1.2　基站工程勘察

1. 基站工程勘察流程

基站工程勘察流程如图3-3所示。

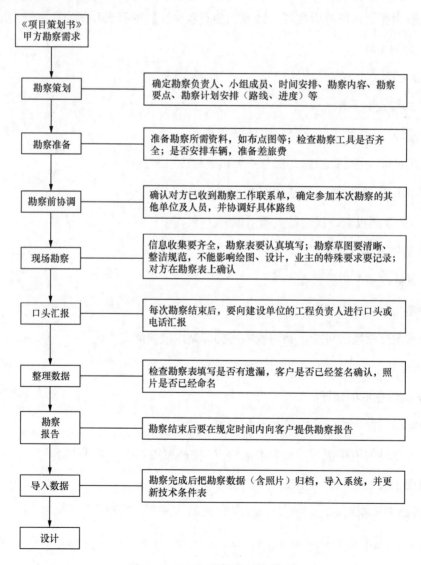

图3-3　基站工程勘察流程

2. 基站工程勘察步骤与方法

（1）勘察步骤

① 勘察前准备

- 计划：时间、地点、人、工作量、车、资金。

- 沟通：领导、建设单位、相关人员、司机。

- 资料：电子地图（或纸质地图）、布点图、通讯录；选址结果（选址记录表）；基站图纸（机房、天面建筑图纸）、基站设备合同清单、基站规模表、天馈线配置表。

- 工具：包、勘察夹、勘察表、勘察纸、四色笔、相机、笔记本电脑、指北针、测距仪、GPS 设备、望远镜、皮尺、卷尺等。

② 机房勘察

- 机房：位置、指北、净空、面积、结构、承重、门、窗、墙、梁、装修。

- 设备：型号、配置、位置、维护空间、摆放原则。

- 线缆：走线架、馈线孔、布放路由。

- 电力：交流引入、电池容量、整流器配置、电力线路由及长度、地线路由及长度、地线排。

- 传输：传输引入、传输方式、设备配置、路由。

③ 天面勘察

- 天面：位置、高度、指北、周围环境（照片）、无线传播环境（照片）、承重、草图（梯间、广告牌、冷却塔、女儿墙）。

- 走线架：位置、高度、占用情况。

- 线缆：路由、接地。

- 塔、架、杆：高度、位置、天线安装位。

- 天线：安装位置、高度、下倾角度、功分器安装位置、塔顶放大器安装位置。

④ 勘察后工作

- 当天：整理并汇总勘察数据，包括照片、勘察表、勘察草图、电子表格等。

- 离开勘察城市前：向建设单位汇报勘察情况并请建设单位签字确认勘察表。

- 返回单位后：汇总数据到公共目录、完成勘察报告并在 OA 上填写工程项目备忘录。

（2）机房勘察内容

① 机房

• 详细记录柱、梁、排水管道等的位置。

• 确定并记录馈线孔、空调孔、光缆孔的位置。

• 机房内竖井、孔洞和进线口施工后要求采用防火材料进行封堵。

• 无线机房的天面孔防止渗漏，外墙馈线孔防止雨水顺馈线进入室内。

• 通信机房不得进行装饰性的装修，不吊天花板，不铺地板，不做墙群，不挂可燃窗帘。

• 通信机房一般不采用下走线方式和活动地板。

② 走线架

• 走线架安装方式应采用列架结构，并通过连接件与建筑物连成一个整体。

• 走线架各相关构件连接成一个整体，并应与建筑物地面、墙面、天花板、房柱固定。

• 走线架两支撑点间距超过2000mm时，应采取吊挂加固。

③ 走线架高度

走线架高度要便于布线、维护。

• 设备高度＜2000mm，走线架高度为2400mm。

• 设备高度为2000～2600mm，走线架高度为2640mm。

• 设备高度＞2600mm，走线架高度为3240mm。

④ 电源线与信号线

• 尽量分走线架、分孔洞敷设。

• 须同槽、同孔洞敷设，交叉敷设要采取可靠的隔离措施，不得穿越或穿入空调通风管道。

⑤ 设备的布置

设备的布置要充分考虑机房的使用效率，具体如下。

• 不需要维护或无背后散热要求时，采用背靠背方式或靠墙摆放。

- 机架的维护面要求尽量保持对齐。

设备的布置还要充分考虑机房的使用功能，具体如下。

- 机房主要维护通道：1200 ～ 1500mm，一般要求便于经常搬运设备，使用维护仪表车。

- 机房辅助维护通道：800mm，一般要求便于搬运设备，使用维护仪表。

⑥ 其他（一般）

- 设备面对背间距：900 ～ 1000mm。

- 设备背对墙间距：800 ～ 1000mm（需要背后维护）。

（3）机房勘察常见问题

① 机房平面

- 专业设备分区不合理。

- 机房的走道布置不合理。

- 走线不合理。

- 天馈线 / 光缆弯头过多，增加损耗。

- 电源线与信号线交叉。

- 直流电源线过长，增加损耗。

② 走线架布置

- 走线架未与柱、梁固定，只与墙固定。

- 走线架高度不合理。

- 走线架前沿与设备机面未对齐。

- 低架设备（小于 1600mm）无走线梯。

③ 设备加固

- 未与地面加固。

- 未与梁、柱加固。

（4）天面勘察内容

① 天面勘察原则

- 站址建筑物应高于周围建筑物的平均高度。

● 天线下倾调整要注意近处是否有建筑物阻挡。

● 建议天线支撑杆安装在女儿墙边上或外侧。

● 对于安装在外墙墙身上的天线,一般要求 ±45° 内天线的前后比高于 20dB,同时天线主方向不能偏离与墙身垂直的方向 15° 以上。

● 对于安装在铁塔上的天线,注意天线传播方向不要有障碍物阻挡;对于安装在塔身的全向天线,一般要求天线离塔身 2m 以上。另外,2 副分集天线的连线应与覆盖方向垂直,以保证良好的分集增益。

② 小区方向

● 综合考虑:建站目的、网络结构、周边环境。

● 覆盖站:需覆盖的范围和方位(应该与建设单位进行充分沟通);周围需要覆盖的地方,考虑设全向或三方向基站;对道路的覆盖,可以考虑使用 2 个小区基站,2 个基站的主方向与道路呈 30°,分别对路的两边进行覆盖;天线方向最小间隔不应该小于天线的半功率角。

③ 天线分集

天线分集的目的是对抗多径衰落,增加通信可靠性。

天线分集分为空间分集和极化分集,具体要求如下。

● 对于空间分集,分集距离(D)与天线高度(H)的关系为 $D \geqslant H/10$(分集距离也可按照 $D \geqslant 15 \times$ 发射信号的电磁波波长,即保证 2 个路径不相关)。工程设计上要求空间分集距离为 3 ~ 6m,建议在有条件的情况下尽量保持 6m 距离。

● 对于极化分集,天线之间的水平距离没有特别要求,一般建议保持 1.5 ~ 3m 的距离。

● 建议在城市尽量使用极化分集,在郊区或乡村尽量使用空间分集。需要注意的是,频段不同,要求的分集距离不同。

④ 天线隔离度

天线隔离度公式如下。

● 垂直方向:隔离度(dB)=28+40lg(S/λ)

● 水平方向：隔离度（dB）=22+20lg(S/λ)-($GT+GR$)

其中，S 为天线隔离的空间；GT 为发射天线在 2 副天线连线上的增益，单位为 dBi；GR 为接收天线在 2 副天线连线上的增益，单位为 dBi；λ 为发射信号波长。

一般要求（同一系统）如下。

● 没有双工器：收发隔离 40dB，发发隔离 20dB（ 如 RBS200 站）；

● 有双工器：隔离要求 30dB（ 如 RBS2000 站）。

⑤ 馈线问题

● 馈线应考虑馈线损耗、特性阻抗、匹配、驻波比。

● 规定馈线的最小弯曲半径是为了在弯曲时不会对电缆的结构造成损坏。弯曲角度太小会使电缆扭断，造成电缆特性阻抗局部内变化，并改变电缆的传输性能。

● 馈线接地，雷击电流通过馈线分流或雷击产生感应电流。

● 室外馈线在靠近天线端口和进入机房前均应接地；室外馈线的接地线要求顺着馈线下行的方向（向着室外接地母线方向）。不允许向上走线，不允许出现"回流"现象。

● 为了减少馈线的接地线的电感，要求接地线的弯曲角度大于 90°，曲率半径大于 130mm。

● 各小区馈线的接地点要分开，不能多个小区馈线在同一点接地，且每一个接地点最多只能连接 3 条接地线（这样可使接地点固定）。接地点要求接触良好，不得有松动现象，并进行防氧化处理。

任务2 认识天馈系统

3.2.1 认识天馈系统器件与材料

天馈系统包含天线、馈线、跳线、连接器等，天馈系统器件示意如图 3-4 所示。

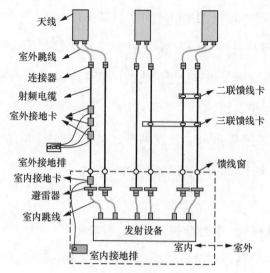

图3-4　天馈系统器件示意

1. 天线

天线是通信基站天馈系统中非常重要的器件，它是收发信机与外界传输媒介直接联系的重要接口，负责信号的"释放"（高频电信号转电磁波信号）与"再生"（电磁波信号转高频电信号）。

（1）天线的原理

天线在本质上是一种转换器，它可以把在封闭的传输线中传输的电流转换为在空间中传播的电磁波，也可以把在空间中传播的电磁波转换为在封闭的传输线中传输的电流。天线的原理示意如图3-5所示。

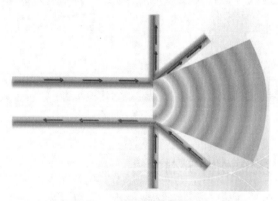

图3-5　天线的原理示意

（2）天线性能参数

天线性能参数分为电路参数和辐射参数。电路参数是天线高效率辐射的体现，辐射参数是天线高质量辐射的体现。天线性能参数如图 3-6 所示。

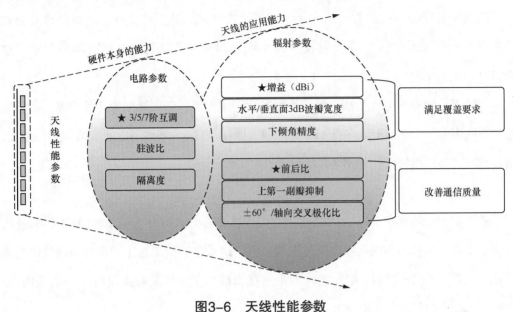

图3-6　天线性能参数

（3）天线选型及设计

天线的选型、安装参数的调整可以看成是对无线环境和业务分布的适配，因此，在不同的环境下，天线选型和设置有不同的原则。天线选型首先与基站的扇区配置相适应。从扇区化增益角度看，三扇区最佳天线水平波瓣为 65°，四扇区和六扇区最佳天线水平波瓣为 33°。天线设计中涉及的重要参数主要有天线的挂高、方位角、下倾角等，天线各参数的关系如图 3-7 所示。

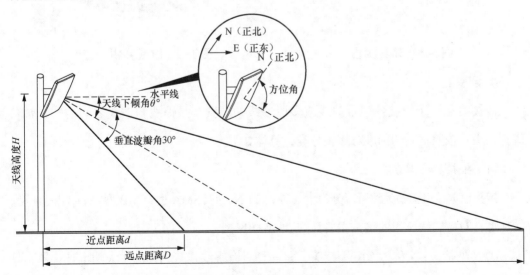

图3-7　天线各参数的关系

2. 馈线

馈线主要安装在基站与天线之间，通过跳线与基站或天线连接。馈线的作用是在它能承受的环境条件下，在发射设备和天线之间充分传输信号，是射频信号的"搬运工"。

馈线根据物理和电气特性一般分为标准型、超柔型、低损耗型等几种类型，而按照线径不同可分为 1/2″ 馈线、7/8″ 馈线、5/4″ 馈线、13/8″ 馈线等，通常馈线直径越大，信号衰减越小。馈线实物如图 3-8 所示。

3. 跳线

跳线常用于线缆与设备之间的连接，按连接设备方式可分为机顶跳线和天馈跳线，按应用场景则可分为室内跳线和室外跳线。室内跳线是连接基站主设备与主馈线的超柔跳线，一般采用 2m 跳线；室外跳线则是连接天线与主馈线的超柔跳线，一般采用 3m 跳线。跳线实物如图 3-9 所示。

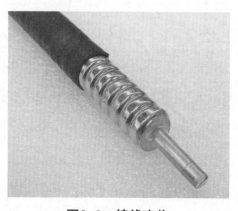
图3-8 馈线实物

图3-9 跳线实物

4. 连接器

连接器是用于连接各型号馈线或多段馈线的装置，是馈线与馈线之间的"纽带"，俗称接头。按照不同的标准对接头分类，具体如下。

（1）按接口类型分类

接头根据接口类型大致可以分为十几种，如 BNC 型、SMA 型、SMB 型、TNC 型、N 型、DIN 型，对应馈线所用的接头主要为 N 型和 DIN 型。

①N 型接头：又称为 L16 型接头，是一种具有螺纹连接结构的中大功率连接器，具

有抗震性强、可靠性高、机械和电气性能优良的特点，其主要应用在室内覆盖及小功率基站。

②DIN 型接头：又称为 L29 型或 7/16 型接头，是一种较大型螺纹连接同轴连接器，具有坚固稳定、低损耗、工作电压高等特点，且大部分具有防水结构，其主要应用于大功率基站。

（2）按结构分类

接头按结构分为公头、母头，公头用 M 或 J 来表示，母头用 F 或 K 来表示。

（3）按电缆使用规格分类

接头按电缆使用规格分为 1/2、7/8、1-1/4、1-5/8 等。

部分连接器实物如图 3-10 所示。

图3-10　部分连接器实物

5. 接地卡

射频同轴电缆使用的接地卡简称接地卡，适用于天馈系统的接地，用于保护馈线和设备。安装接地卡可以避免天馈系统和机房通信设备遭雷电的破坏。通常，接地卡分为室内接地卡和室外接地卡两种，可适用于各种规格馈线的接地保护。接地卡实物如图 3-11 所示。

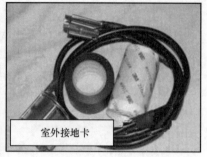

室内接地卡

室外接地卡

图3-11　接地卡实物

6. 接地排

为了保证通信质量并确保设备安全与人身安全，通信设备必须有良好的接地装置，使得各种电气设备的零电位点与大地有良好的电气连接。目前，基站主要采用的是联合接地，也就是按均压、等电位原理，将通信基站设备的工作接地、保护接地、防雷接地共同合用一组接地体。接地排实物如图3-12所示。

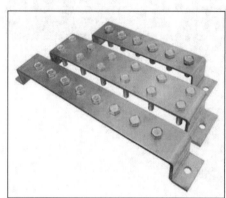
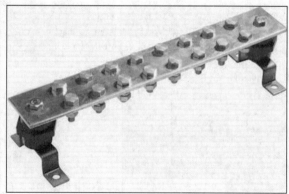

图3-12　接地排实物

7. 馈线卡

馈线卡主要用于射频电缆（馈线）与铁塔、走线架之间的固定，常见的类型包括穿芯型、抱箍型、喉箍型、沿墙型、挂钩型及漏缆馈线卡等。馈线卡也可以按照夹片数量进行分类，如单联、双联、三联、四联及六联等。馈线卡实物如图3-13所示。

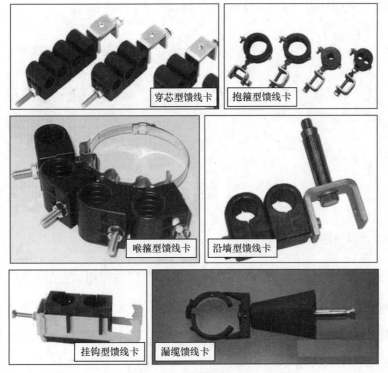

图3-13　馈线卡实物

8. 馈线窗

馈线窗常用于无线基站馈线穿墙密封安装。根据馈线窗孔径是否可变可分为可变式馈线窗和固定式馈线窗,根据馈线窗孔数可分为四孔馈线窗、六孔馈线窗、九孔馈线窗等。馈线窗实物如图 3-14 所示。

图3-14　馈线窗实物

9. 走线架

走线架指通信基站中用于绑扎光缆、电缆用的铁架,常分为室内走线架和室外走线架两种类型,适用于水平、垂直和多层分离布放线场合。室内走线架主要采用优质钢材或铝合金材料,并经过抗氧化喷塑或镀锌烤漆等表面处理;而室外走线架主要采用钢材料，经过热镀锌表面处理。走线架示意及实物如图3-15所示。

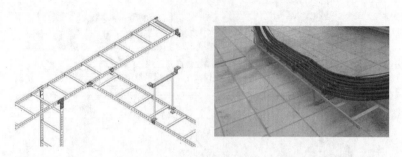

图3-15 走线架示意及实物

3.2.2 基站天馈系统

基站天馈系统分为天线和馈线系统。天线起着决定性作用，它的性能直接影响整个天馈系统的性能；馈线系统与天线的匹配情况直接影响天线性能的发挥。天馈系统是传输、发射和接收电磁波的一个重要无线设备，没有天馈系统就没有通信。天馈系统主要具备以下功能。

对来自发信机的射频信号进行传输、发射，建立基站到移动台的下行链路；对来自移动台的上行信号进行接收、传输，建立移动台到基站的上行链路。另外，塔放对接收到的上行信号起到一定的放大作用。天馈系统对基站设备还有一定的雷电保护作用。

基站天馈系统如图3-16所示。

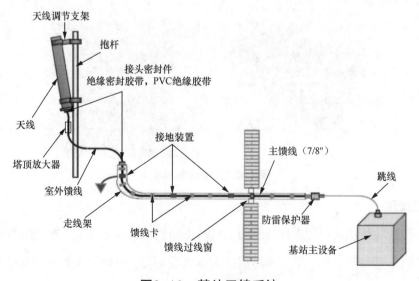

图3-16 基站天馈系统

1. 天线

天线用于接收和发送无线信号，常见的有单极化天线、双极化天线和全向天线。

2. 馈线

馈线是在发射设备和天线之间传输信号的主电缆，具有均匀的特性阻抗和高回损等传输特征。馈线可以分为标准型馈线、低损耗型馈线、超柔型馈线。目前用于移动基站的馈线主要有 7/8″ 馈线、5/4″ 馈线等。

3. 跳线

跳线是主馈线与机柜之间、主馈线和天线之间的转接线，用于信号的传输。室外跳线用于天线与 7/8″ 主馈线之间的连接。常用的跳线采用 1/2″ 馈线，长度一般为 3m。

4. 塔顶放大器

塔顶放大器简称为塔放，是一个低噪声放大器，安装在天线下面，补偿上行信号在馈线中的损耗，从而降低系统的噪声系数，提高基站灵敏度，扩大上行覆盖半径。塔放主要用于解决移动通信基站上行覆盖受限问题。建议在馈线长度超过 50m 时使用塔放，这样可以补偿馈线损耗 3dB 左右。塔放的使用会使系统可靠性有所降低，增加维护困难，增加天馈下行通道的插入损耗，使下行可用有效功率降低，影响下行覆盖。

5. 防雷保护器

防雷保护器的工作原理与带通滤波器类似。在工作频段，防雷保护器相当于在主同轴线并联一个无限大的阻抗；而在闪电最具破坏能力的 100kHz 或更低频段，防雷保护器表现出频率选择性，具有很强的衰减，使破坏性的能量转向接地装置而不会对设备造成损害。

6. 其他配件

馈线卡（馈线固定夹）：一般用来固定馈线位置，保证馈线的安装可靠和美观等。馈线卡根据孔位划分为两联馈线卡和三联馈线卡，其孔径与所固定电缆的直径相同。

馈线过线窗：主要用来穿过各类线缆，并可用来防止雨水、鸟类、鼠类及灰尘的进入。

走线架：也称为电缆桥架，是机房专门用来走线的设备，指机房内布放光缆、电缆进入终端设备，用于绑扎光、电缆用的铁架。

此外，基站天馈系统还包括线缆接头、接地装置、接头密封件、馈线过窗器、各种尼龙扎带等。

3.2.3 室分站天馈系统

室分站天馈系统分为传统室分天馈系统和新型室分天馈系统。

1. 传统室分天馈系统

传统室分天馈系统如图 3-17 所示。

传统室分天馈系统包含 BBU、RRU、光纤、馈线、耦合器、功分器等。

耦合器将无线信号从分布系统主干线路中分离。耦合器是将一路信号分为不等的两路信号。耦合器有

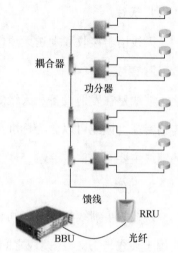

图3-17 传统室分天馈系统

3 个端子，分别为输入、直通和耦合端，根据输入与耦合端的功率差，分为 5dB、6dB、7dB、10dB、15dB 等多种型号，也可以根据直通和耦合端的比例，分为 1∶1、2∶1、4∶1 等多种型号。

功分器是最常见的无源器件，用于将一路信号均分为多路信号，起着功率平均分配的作用。常见的功分器有二功分、三功分、四功分。

耦合器与功分器搭配使用可以使信号源的发射功率尽量平均分配到室内分布系统的各个天线口，使每个天线口的发射功率基本相同。

传统室分天馈系统涉及的器件较多，设计、施工较为复杂，同时，多种器件质量不一致，导致工程质量难以监控。目前，大多数厂商已经放弃传统室分天馈系统，改用新型室分天馈系统。

2. 新型室分天馈系统

目前，各个厂商采用的新型室分天馈系统大同小异。这里以华为的新型室分天馈系统 LampSite 系统为例进行介绍。LampSite 系统由 BBU、集线器单元（RHUB）和皮基站（pRRU）组成，如图 3-18 所示。

BBU 可以实现基带信号处理功能，可以和宏站的 BBU 共建共享；RHUB 可以实现光纤通用公共无线接口（CPRI）信号到 GE 电信号的转换，同时为 pRRU 实现集中一体化供电和传

图3-18 LampSite系统

输交换；pRRU 是室内小功率射频拉远模块，负责传输 BBU 和天馈系统之间的信号。

LampSite 系统结构简单，建设周期短，分布系统器件较少，施工较为简单；每个远端功率可调，无须进行分布系统的链路预算；网线比传统馈线轻软，易于施工。LampSite 为室内分布的建设另辟蹊径。在利用传统室分系统施工遇到瓶颈的时候，根据不同场景可采用合适的 LampSite 方案进行室内深度覆盖。

任务3 安装站点设备

安装站点设备包括室外设备安装和室内设备安装。

3.3.1 室外设备安装

室外设备安装的总体步骤包括安装支撑杆、安装 AAU、AAU 供电、AAU 接地和安装光纤。

1. 安装支撑杆

在实际的站点室外安装过程中，通常选择附墙式支撑杆的安装方式。附墙式支撑杆安装示意如图 3-19 所示。

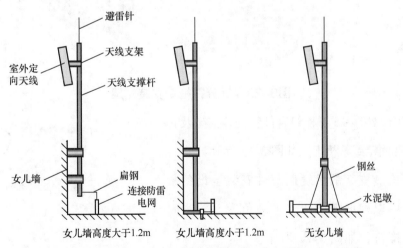

图3-19 附墙式支撑杆安装示意

安装附墙式支撑杆的步骤如下。

① 安装避雷针并接地。用热镀锌扁铁进行四面焊接并保证焊接面充分，扁铁与避雷带的焊接长度应不小于 10mm。

② 安装支撑杆的抱箍，并保证抱箍之间的距离为 10mm。

③ 浇筑水泥墩，并保证水泥墩平直、无蜂窝、无裂纹、不露筋。

④ 安装支撑杆。

⑤ 用绝缘材料在避雷针与支撑杆等金属之间进行隔离。

2. 安装 AAU

安装 AAU 的步骤如下。

① 拆分安装支架，并用力矩扳手检查安装支架是否紧固到位，保证螺栓、弹簧垫圈、平垫圈无遗漏。拆分并检查安装支架如图 3-20 所示。

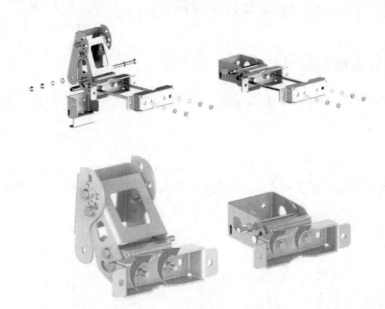

图3-20 拆分并检查安装支架

② 使用 M10×25 螺栓组合件将安装支架及其设备紧固件固定到整机上，如图 3-21 所示。

③ 将安装支架的角度调节件安装至设备紧固件上，可以根据需求调整下倾角度，并紧固角度调整螺钉，如图 3-22 所示。

图3-21 将安装支架固定到整机上

图3-22　安装角度调节件

④ 吊装整机上支撑杆，即通过牵引绳牵引设备紧靠安装位置，并将长螺栓、平垫、弹垫穿过上下安装支架，从而将整机固定在支撑杆上，如图 3-23 所示。

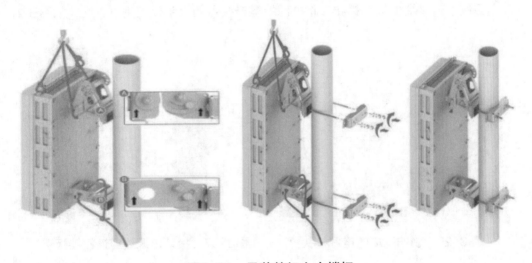

图3-23　吊装整机上支撑杆

3. AAU 供电

为 AAU 供电默认使用 16mm² 的多股铜导线，最大供电距离可达 85m（不包括为蓄电池储电）。为 AAU 供电的操作步骤如下。

① 将 2×10mm² 的带屏蔽层的户外 2 芯电源线缆拨开，并压接管状端子。

② 拧松电源接头尾部的螺母，按压电源接头侧面的塑料簧片，取出电源连接器内芯，如图 3-24 所示。

③ 将电源线穿过接头外壳，线芯插入连接器内芯的对应接孔，拧紧螺丝，将压线夹压紧线缆裸露的屏蔽层。将电源线接入连接器如图 3-25 所示。

 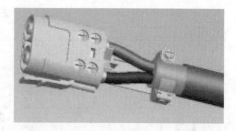

图3-24　从电源接头中取出连接器内芯　　图3-25　将电源线接入连接器

④ 将连接器外壳与内芯扣紧，拧紧尾部的螺母，电源接头制作完毕。制作完成的电源接头如图 3-26 所示。

⑤ 将 AAU 电源接口保护盖的扳手扳到垂直方向，并按下电源接口保护盖，向后拨动电源线缆连接器的扳手锁扣，将电源线缆连接器的扳手扳到垂直方向，如图 3-27 所示。

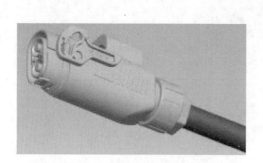 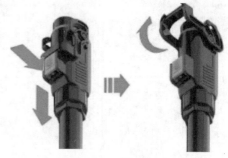

图3-26　制作完成的电源接头　　图3-27　扳动电源线缆连接器扳手

⑥ 将电源线缆连接器插入 AAU 的电源接口，并扳下扳手至扳手锁紧，如图 3-28 所示。

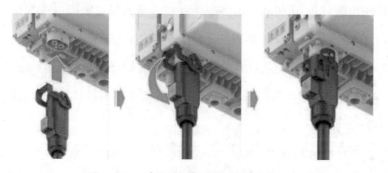

图3-28　电源线缆连接器插入AAU

4. AAU 接地

实现 AAU 接地的操作步骤如下。

① 在 16mm² 的多股铜导线两端分别压接铜鼻子并做同色热缩套管。

② 将压接好的接地线的一端套在 AAU 的接地螺钉上，并拧紧接地螺钉。接地线连接 AAU 接地螺钉如图 3-29 所示。

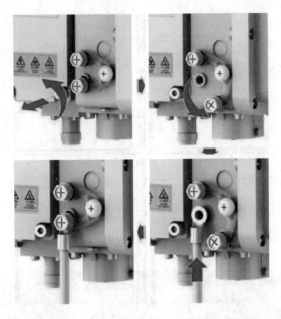

图3-29 接地线连接AAU接地螺钉

③ 除去地排上的锈迹，将保护接地线的另一端连接室外地排，用螺栓固定。

5. 安装光纤

光纤用于连接 AAU 和 BBU。以 AAU A9601 为例，A9601 的维护窗在侧面。A9601 光纤连接位置示意如图 3-30 所示。维护窗内只用来连接光纤。

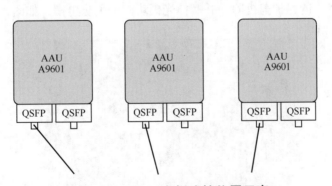

图3-30 A9601光纤连接位置示意

A9601 使用 100Gbit/s 的光模块，针脚朝左，若插反则无法插到底。BBU 和 AAU 之间的户外光缆可以采用 1/4 光缆。安装 AAU 侧的光纤，具体步骤如下。

①用内六角扳手打开 A9601 维护窗，如图 3-31 所示。

②松开维护窗内的压线夹，如图 3-32 所示。

图3-31　打开A9601维护窗　　　　图3-32　松开维护窗内的压线夹

③将 100G 光模块插入 AAU 的光鼠笼；拔出光模块时，用手指勾住图中的手柄，从光鼠笼向外拉出，如图 3-33 所示。

图3-33　插入和拔出光模块

④将光纤接头的保护盖拆除，并摘掉光模块的黑色防尘帽，如图 3-34 所示。

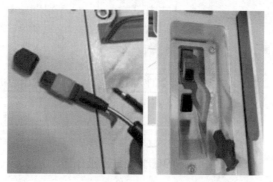

图3-34　拆除光纤接头的保护盖并摘掉光模块的防尘帽

⑤将光纤插入光模块，如图 3-35 所示，注意光纤接头有凸槽的一面朝右，与光模

块内的凹槽吻合。

⑥ 压下维护窗内的压线夹，紧固压线螺钉，关闭维护窗，并拧紧螺钉以便防水。关闭维护窗如图 3-36 所示。

图3-35 光纤插入光模块

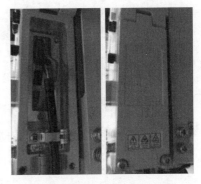

图3-36 关闭维护窗

AAU 侧光纤安装完成后，便可以安装 BBU 侧光纤。光纤穿过维护窗的出线卡槽，保持与设备下缘 200 mm 长度并垂直走线，不能弯曲受力；将光纤的另一端连接至 BBU，挂上光纤塑料标签，完成光纤安装。

3.3.2 室内设备安装

室内设备安装的主要步骤包括安装 BBU、安装 GPS 防雷器、安装线缆等。安装前需要佩戴防静电腕带或防静电手套，避免机框遭静电损坏。

1. 安装 BBU

（1）安装机框

① 安装 BBU 两侧走线爪，如图 3-37 所示。

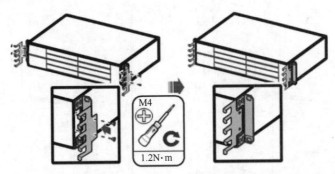

图3-37 安装BBU两侧走线爪

② 将 BBU 安装到机柜，即将 BBU 沿着滑道推入机柜，并拧紧面板上的螺钉，如

图 3-38 所示。

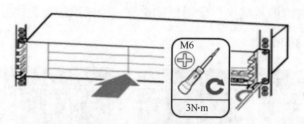

图3-38 BBU安装到机柜

（2）安装单板及模块

将单板及模块依次推入要安装的槽位，并拧紧面板上的螺钉，如图 3-39 所示。

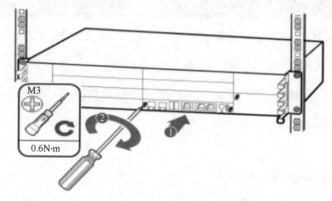

图3-39 安装单板及模块

2. 安装 GPS 防雷器

① 用扎线带将 GPS 防雷器绑扎到机柜左侧壁，如图 3-40 所示。

② 安装 GPS 防雷器接地线缆，如图 3-41 所示。

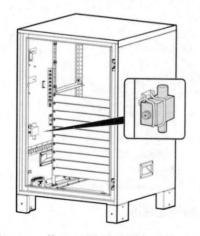

图3-40 将GPS防雷器绑扎到机柜

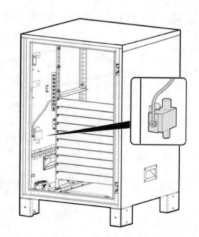

图3-41 安装GPS防雷器接地线缆

③ 安装 GPS 时钟信号线，如图 3-42 所示。用力矩扳手将 GPS 时钟信号线 N50 直母型连接器的一端连接 GPS 防雷器的"Protect"（保护）端，紧固力矩为 4N·m。同时，将 GPS 时钟信号线公型连接器的一端连接通用主处理与传输单元（UMPT）单板的"GPS"端口。

④ 用力矩扳手将 GPS 防雷器跳线连接 GPS 防雷器的"Surge"（浪涌）端，紧固力矩为 4N·m。

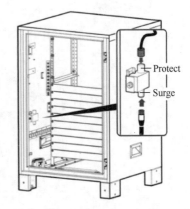

图3-42 安装GPS时钟信号线

3. 安装线缆

（1）安装保护地线

将 BBU 保护地线一端 M4 的 O 型终端（OT 端子）连接 BBU 上的接地端子，将 BBU 保护地线另一端 M6 的 OT 端子连接外部接地排或接地螺钉。安装保护地线如图 3-43 所示。

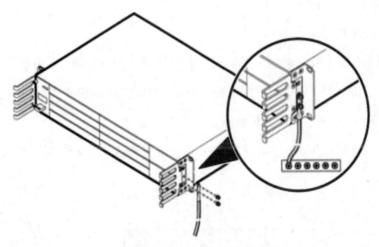

图3-43 安装保护地线

（2）安装电源线

将 BBU 电源线一端连接 BBU 上通用电源环境接口单元（UPEU）模块的"–48V"接口，并拧紧连接器上螺钉，紧固力矩为 0.25N·m；同时将 BBU 电源线另一端连接 TP48200A 侧，其中冷压端子连接二次下电微型断路器（MCB）的"F6"，OT 端子安装在正极母排上。安装电源线如图 3-44 所示。

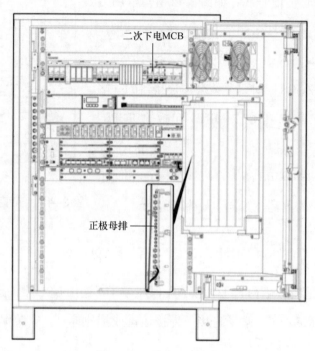

图3-44　安装电源线

（3）安装主控板网线／光纤

① 安装 FE/GE 光纤

将光模块的拉环翻下来插入低端主处理与传输单元（LMPT）单板的"SFP0"或"SFP1"接口，UMPTb2 单板的"FE/GE1"接口，UMPTe3 单板的"XGE1"或"XGE3"接口，再将拉环往上翻。安装光模块示意如图 3-45 所示。

拔去光纤连接器上的防尘帽，将 FE/GE 光纤的一端连接单板上的光模块，如图 3-46 所示。

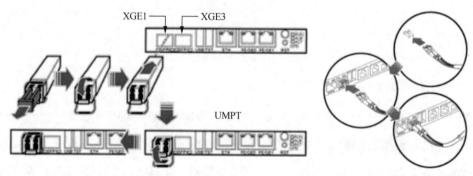

图3-45　安装光模块示意　　　　图3-46　光纤连接光模块

用光纤绑扎带在 BBU 走线爪适当位置进行绑扎。

在光纤尾纤处安装光纤缠绕管，即将光纤缠绕管安装在光纤连接器到光纤上第一个光纤绑扎处，如图 3-47 所示。

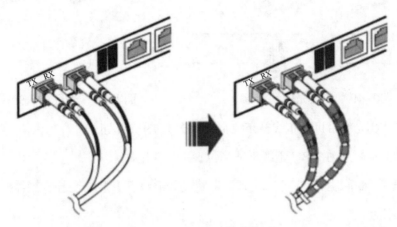

图3-47　安装光纤缠绕管

② 安装 FE/GE 网线

将 FE/GE 网线的 RJ45 连接器连接 UMPTb2 单板的"FE/GE0"接口、LMPT 单板的"FE/GE0"接口或"FE/GE1"接口、UMPTe3 单板的"FE/GE0"接口或"FE/GE2"接口，如图 3-48 所示。

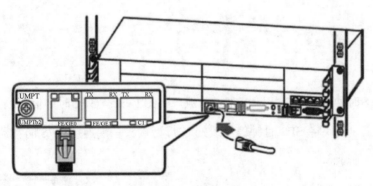

图3-48　安装网线

将 FE/GE 网线的另一端连接外部传输设备的电口。

（4）安装 CPRI 光纤

① 将光模块的拉环翻下来安装到 UBBP/LBBPd4 单板的"CPRI"口。安装光模块示意如图 3-49 所示。

② 拔去光纤连接器上的防尘帽，将光纤插入光模块，如图 3-50 所示。

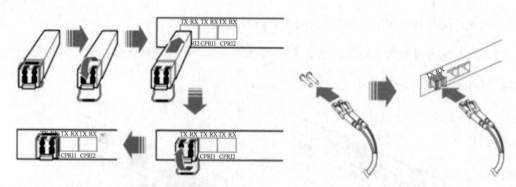

图3-49　安装光模块示意　　　　图3-50　光纤插入光模块

③ 将 CPRI 光纤沿机柜布线槽布线，经机柜出线孔出机柜。

④ 用光纤绑扎带在 BBU 走线爪适当位置进行绑扎。

⑤ 在光纤尾纤处安装光纤缠绕管，即将光纤缠绕管安装在光纤连接器到光纤上第一个光纤绑扎处。

（5）安装 GPS 时钟信号线

① 将 GPS 时钟信号线的一端连接 UMPT（或 LMPT）单板的"GPS"接口，如图 3-51 所示。

② GPS 时钟信号线在机柜内布线，其走线如图 3-52 所示。

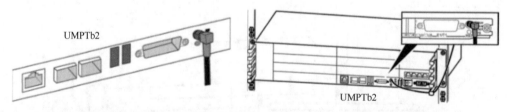

图3-51　GPS时钟信号线连接UMPTb2单板　　图3-52　GPS时钟信号线走线

③ 通过出线模块将 GPS 时钟信号线的 N 母型接头一端连接 GPS 防雷器的"Protect"端，如图 3-53 所示。

（6）安装 GPS 天馈及线缆

① 安装天线支架。

② 安装 GPS 天线，将馈线的一端连接 GPS 天线，对馈线的连接端口进行

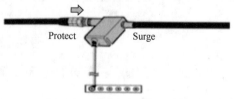

图3-53　GPS时钟信号线连接GPS防雷器

1+3+3（即一层绝缘胶带、3 层防水胶带、3 层绝缘胶带）防水处理。

③ 布放室外馈线。

④ 馈线入室需要制作避水弯，并拧紧紧固件密封馈窗。

⑤ 安装室内馈线，并连接室内馈线至 GPS 防雷器的"Surge"端。

⑥（选配）安装 GPS 放大器，"RF in"端与天线端连接，"RF out"端与设备端连接。

⑦（选配）安装一分二或一分四 GPS 分路器，一端连接室外馈线，另一端连接多个 BBU。

GPS 天馈及线缆安装示意如图 3-54 所示。

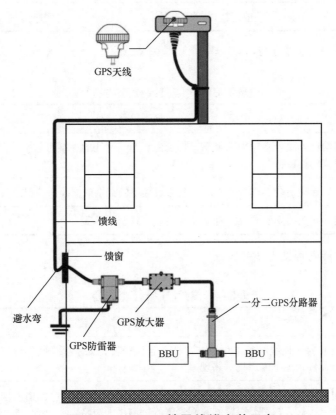

图3-54　GPS天馈及线缆安装示意

4.硬件安装检查

硬件安装检查包括设备安装检查、线缆安装检查、电气连接检查 3 个部分。设备安装检查内容见表 3-2。

表3-2　设备安装检查内容

序号	检查项目
1	BBU 单板按规划正确安装在对应的槽位，且安装到位、牢固
2	BBU 机框安装牢固

序号	检查项目
3	BBU 线缆按规划正确安装在对应的接口，且安装到位、牢固
4	GPS 天线的安装位置要开阔，周围没有高大建筑物遮挡。GPS 天线竖直向上的视角不小于 90°
5	天线与天线避雷针之间的水平距离应不小于 2m
6	馈线入室前应在室外做避水弯，保证馈线密封窗的良好密封性
7	避雷器的"Protect"端应连接机柜主设备

线缆安装检查内容见表 3-3。

表3-3 线缆安装检查内容

序号	检查项目
1	所有线缆的连接处必须牢固可靠，特别注意通信网线的连接可靠性，以及机柜底部所有线缆接头的连接情况
2	电源线、保护地线、馈线、光纤、信号线等不同类别的线缆布线时应分开绑扎
3	射频电缆接头要安装到位，避免虚连接导致驻波比异常

电气连接检查内容见表 3-4。

表3-4 电气连接检查内容

序号	检查项目
1	所有自制保护地线必须采用铜芯电缆，且线径符合要求，中间不得设置开关、熔丝等可断开器件，也不能出现短路现象
2	对照电源系统的电路图，检查保护地线是否已连接牢靠，交流引入线、机柜内配线是否已连接正确，螺钉是否紧固，确保输入、输出无短路
3	电源线、保护地线的余长应被剪除，不能盘绕
4	给电源线和保护地线制作端子时，端子应焊接或压接牢固
5	接线端子处的裸线及端子柄应使用热缩套管，不得外露
6	各 OT 端子处都应安装平垫和弹垫，确保安装牢固，OT 端子接触面无变形，接触良好

5. 上电检查

设备打开包装后，BBU 右侧电源模块的电源开关置于"OFF"，直到为 BBU 上电时置于"ON"，7 天内必须上电。后期维护时，下电时间不能超过 48 小时。上电检查的流程如图 3-55 所示。

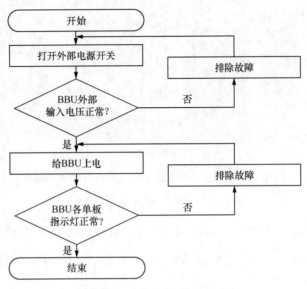

图3-55 上电检查的流程

任务4 基站开站配置实践

5G 基站开站指基站启动并接入运营商的网络，使其能够正常运行并向用户提供服务，这是 5G 基站建设中非常重要的一个环节。5G 基站配置常用的仿真软件包括华为技术有限公司的 5GStar 仿真软件、南京中兴信雅达信息科技有限公司的 5G 基站建设与维护虚拟仿真实训系统、深圳市艾优威科技有限公司的 5G 站点工程仿真系统等。本节以 5GStar 为例，模拟 5G 基站的硬件配置、数据配置（包括全局数据、设备数据、传输数据、无线数据）、覆盖查看、业务测试。

3.4.1 硬件配置

1. 配置准备

在进行基站开站配置前，需要完成 5GStar 软件的安装。运行 5GStar 软件必须使用加密狗，将加密狗插入计算机的 USB 端口并启动 5GStar 程序。5GStar 仿真平台界面如图 3-56 所示。

图3-56　5GStar仿真平台界面

创建"宏站场景_单基站"工程，宏站单基站建设共包含部署网络架构、安装基站硬件、调试基站软件、查看无线覆盖、体验5G业务这5个步骤，如图3-57所示。

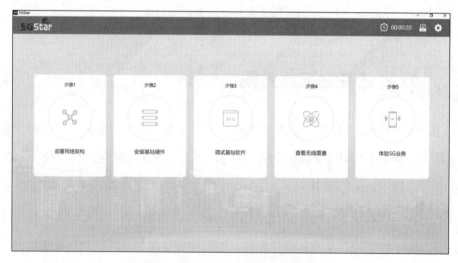

图3-57　宏站单基站建设步骤

2. 部署网络架构

单击"部署网络架构"，宏站单基站的网络拓扑如图3-58所示。5GStar已经为每一种工程部署了网络架构，因此不需要使用者手动部署。图3-58展示了室外宏站单基站场景下的"网络拓扑"，另外，可以单击"基站参数""终端参数"选项查看设备的详细参数，以备后续环节配置基站数据使用。查看基站参数如图3-59所示，查看终端参数如图3-60所示。

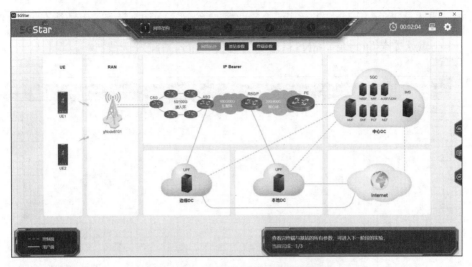

图3-58 宏站单基站的网络拓扑

图3-59 查看基站参数

图3-60 查看终端参数

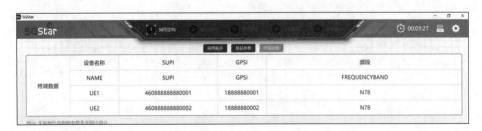

3. 硬件配置

首先选择"AAU",将其安装在"射频模块"的3个位置,如图3-61所示。5GStar 采用的是华为BBU5900设备,在BBU设备的0号槽位插入基带处理板UBBP单板,

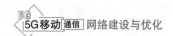

6 号槽位插入主控制板 UMPT 单板，11 号槽位的风扇板 FAN 和 19 号槽位的电源板 UPEU 均已默认安装好，在"GNSS 天线"模块中插入 GNSS 天线。

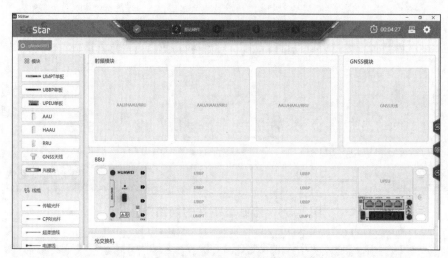

图3-61　安装AAU

硬件设备安装完成后，接下来是连线。将 AAU 与 UBBP 单板用 CPRI 光纤相连，UMPT 单板与光交换机用传输光纤相连。需要注意，用光纤连接接口前，需要先在各光口安装光模块，再用超柔馈线连接 UMPT 单板和 GNSS 天线，最后安装电源线。

按照宏站 S111 开通要求完成基站硬件设备连接，其示意如图 3-62 所示。完成基站硬件的配置后，双击主控板上的 USB 接口，进入"基站软件"界面。人机语言（MML）配置窗口如图 3-63 所示。

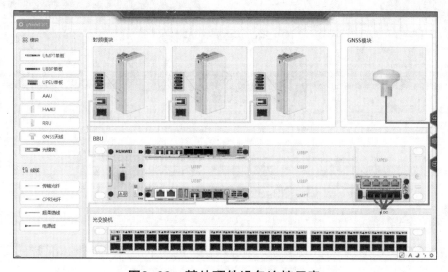

图3-62　基站硬件设备连接示意

图3-63　MML配置窗口

3.4.2　数据配置

5GStar 的数据配置采用 MML 命令来实现。MML 接口也指人机访问接口，在电信通信业务中，也指营业支撑系统中的营业系统接口。数据配置主要包括全局数据配置、设备数据配置、传输数据配置和无线数据配置 4 个部分。

1. 全局数据配置

全局数据配置主要包括增加基站功能、增加运营商信息、给运营商增加追踪区和设置网元工程状态等。

（1）增加基站功能

使用 ADD GNODEBFUNCTION 命令增加基站（gNodeB）功能，如图 3-64 所示。gNodeB 功能名称、引用的应用标识、gNodeB 标识和 gNodeB 标识长度都按照基站参数配置。其中 gNodeB 标识长度默认是 22 比特，若基站参数不是 22 比特，则需要手动修改。

图3-64　增加基站（gNodeB）功能

（2）增加运营商信息

使用命令 ADD GNBOPERATOR 增加运营商信息如图 3-65 所示。

图3-65　增加运营商信息

① 运营商标识：取值范围是 0～5，表示一个基站最多可以支持 6 家运营商共享，其中 1 家为主运营商，必须配置；其他 5 家是从运营商，可以选配。

② 运营商名称、移动国家（地区）码和移动网络码：每家运营商都需要配置对应的运营商名称、移动国家（地区）码和移动网络码，按照基站参数配置。

③ NR 架构选项：NR 架构有独立组网模式、非独立组网模式、独立组网和非独立组网双模。当前 5GStar 只支持独立组网模式。

（3）给运营商增加跟踪区

使用命令 ADD GNBTRACKINGAREA 给运营商增加跟踪区如图 3-66 所示。跟踪区域标识用于唯一标识一条跟踪区域信息记录。该参数仅在基站内部使用，在与核心网的信息交互中并不使用。跟踪区域码用于核心网界定寻呼消息的发送范围，一个跟踪区可能包含一个或多个小区。

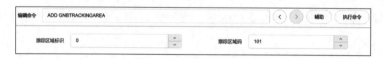

图3-66　给运营商增加追踪区

（4）设置网元工程状态

使用命令 SET MNTMODE 设置网元工程状态如图 3-67 所示。网元的工程状态可以设置为普通、新建、扩容、升级及调测等，用于标记基站的不同状态，这些状态会体现在基站上报的告警信息中，以便对基站在不同状态下产生的告警进行分类处理，对基站业务无影响。

图3-67　设置网元工程状态

2. 设备数据配置

设备数据配置即完成前面基站场景中安装的硬件设备的数据配置，主要包括机柜、机框、单板、射频设备、时钟等。

（1）增加机柜

增加机柜如图 3-68 所示，机柜型号选择 BTS5900 或者虚拟机柜。每个基站配置一个机柜，柜号默认为 0。

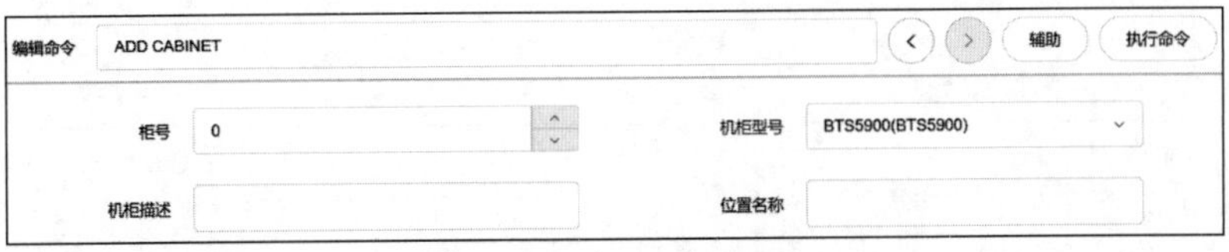

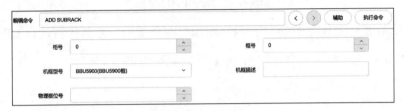

图3-68 增加机柜

（2）增加机框

增加机框如图 3-69 所示，机框型号选择 BBU5900。

图3-69 增加机框

（3）增加 BBU 中的单板

单板的槽位和类型要与硬件配置的参数对应，否则系统会报错。BBU 中安装了 UMPT 单板、UBBP 单板、FAN 板和 UPEU 板共 4 块单板。

① 增加 UMPT 单板如图 3-70 所示。增加主控单板时，槽号可根据硬件安装位置配置为 6 或 7。执行该操作会导致基站重启。

图3-70 增加UMPT单板

② 增加 UBBP 单板如图 3-71 所示。增加 UBBP 单板时，槽号可根据硬件安装位置配置为 0 ～ 5。若 gNodeB 工作在 5G 单模，则基带工作制式选择 "NR" 选项。

图3-71 增加UBBP单板

③ 增加 FAN 单板如图 3-72 所示。增加风扇单板时，单板类型设为 FAN，槽号默认为 16。

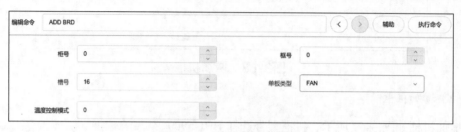

图3-72　增加FAN单板

④ 增加 UPEU 单板如图 3-73 所示。增加电源单板时，单板类型选择 UPEU，槽号可根据硬件安装位置配置为 18 或 19，一般优先配置为 19。

图3-73　增加UPEU单板

（4）配置射频单元数据

① ADD RRUCHAIN 命令用于增加 RRU 链 / 环，不同链 / 环对接基带板的位置不一样。增加 RRUCHAIN 如图 3-74 所示。若 RRU 链下挂的射频单元是 32 通道或 64 通道的 AAU，则协议类型选择 "eCPRI"；下挂其他类型的射频单元时，协议类型选择 "CPRI"。3 个扇区对应 3 副天线，要添加 3 个 RRU 链，因篇幅有限，后面的数据配置均按照 1 个扇区展示。

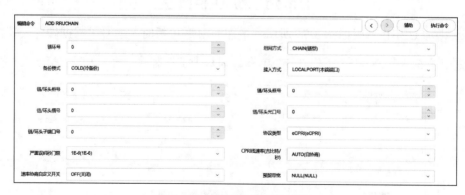

图3-74　增加RRUCHAIN

② 增加射频单元如图 3-75 所示。增加射频单元前必须先通过 ADD RRUCHAIN 命令增加射频单元的链 / 环，若上一步没有完成，则此步骤在执行命令时会发出告警。

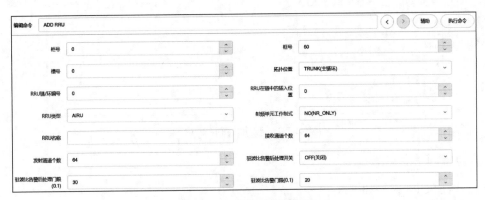

图3-75 增加射频单元

柜号、框号及槽号表示 RRU/AAU 安装位置，柜号与 BBU 所在机柜相同；框号是 RRU/AAU 的框号，与 BBU 框号不同，需根据实际规划填写，取值为 60 ～ 254；槽号即 RRU/AAU 内部槽号，取值只能为 0。若射频单元使用的是 AAU，则"RRU 类型"配置为 AIRU，射频单元工作制式必须包含 NR，如 5G 单模配置为 NR_ONLY。

（5）配置时间数据

① 设置网元本地时区和夏令时如图 3-76 所示。我国统一配置成 GMT+0800 选项，表示使用格林尼治时间东八区。

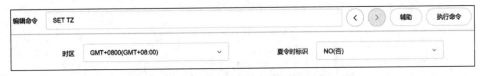

图3-76 设置网元本地时区和夏令时

② 设置时间源如图 3-77 所示。一般选择网络时间协议（NTP）服务器作为基站的时间源，也可以选择卫星时钟（GPS 和北斗）作为时间源。

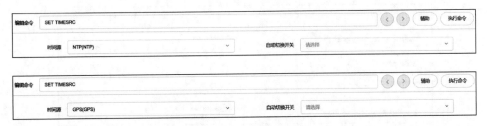

图3-77 设置时间源

③增加 NTP 客户端如图 3-78 所示。NTP 服务器 IPv4 地址一般设置为网管 IP 地址，NTP 服务器端口默认配置为 123。

图3-78 增加NTP客户端

（6）配置时钟数据

①增加 GPS 时钟如图 3-79 所示。

图3-79 增加GPS

②设置参考时钟源的工作模式如图 3-80 所示，当基站使用外部时钟作为参考时钟源时，必须将其设置为自动或手动；当基站使用内部晶体振荡器作为参考时钟源时，将其设置为自振。

图3-80 设置参考时钟源的工作模式

③设置基站时钟同步模式如图 3-81 所示。5G 基站当前时钟同步模式统一配置成时间同步。

图3-81 设置基站时钟同步模式

3. 传输数据配置

传输数据配置包括底层传输数据配置和高层传输数据配置。底层传输数据配置包括物理层、数据链路层和网络层的数据配置，高层传输数据配置主要指传输层的数据配置。

在传输数据配置前，首先使用命令 SET GTRANSPARA 设置传输模式，如图 3-82 所示，现网采用新模式进行传输配置，因此传输配置模式选择"NEW(新模式)"。

图3-82　设置传输模式

（1）增加以太网端口

增加以太网端口如图 3-83 所示，配置以太网端口的端口属性、速率、双工模式等参数。端口号为主控单板上实际连接承载网接入环设备的传输端口编号。端口标识与柜号、框号、槽号及端口号等底层资源绑定，在后续增加接口时，需要将此标识与端口标识绑定，从而使底层资源映射到接口。

图3-83　增加以太网端口

（2）增加接口

增加接口如图 3-84 所示。接口类型采用 VLAN，选择"VLAN 子接口"选项。端口标识与增加以太网端口中设置的端口标识的值应保持一致，否则会报错。VLAN 标识应与基站参数的配置保持一致。

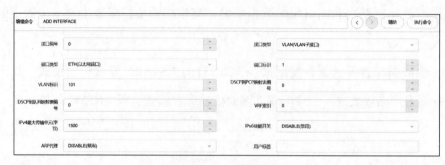

图3-84 增加接口

（3）增加设备 IP 地址

增加设备 IP 地址如图 3-85 所示。

图3-85 增加设备IP地址

接口编号需与增加接口中的接口编号保持一致，表示此 IP 地址是该接口绑定的以太网端口的 IP 地址。基站的以太网端口 IP 地址和子网掩码需根据基站参数配置。执行该操作每次只能增加一个设备 IP 地址。

（4）增加 IP 路由

增加 IP 路由如图 3-86 所示。增加一条静态路由，当对端网元和基站的 IP 地址属于不同网段时，该链路需要配置路由才能完成 IP 报文交换。目的 IP 地址和子网掩码指路由对端网元的 IP 地址和子网掩码。下一跳 IP 地址指网关的 IP 地址，需要和基站参数配置一致。

图3-86 增加IP路由

（5）增加 NG 接口数据

NG 接口指的是基站和核心网之间的接口。因为采用的是 LMT 的基站配置方式，所以本端指的是基站，对端指的是核心网，对端的控制面指的是 AMF 网元，对端的用户面指的是 UPF 网元。

① 增加用户面本端如图 3-87 所示。本端 IP 地址指的是基站的业务 IP 地址，按照协商参数配置。在 SA 组网中，基站配置 NG 接口时必须配置用户面本端。

图3-87 增加用户面本端

② 增加用户面对端如图 3-88 所示。对端 IP 地址即 UPF 网元的 IP 地址。

图3-88 增加用户面对端

③ 增加控制面本端如图 3-89 所示。本端第一个 IP 地址指基站的业务 IP 地址。本端 SCTP 端口号要根据协商参数全网统一配置，本端 SCTP 端口号为 38412。

图3-89 增加控制面本端

④ 增加控制面对端如图 3-90 所示。对端第一个 IP 地址指控制面链路对端网元的 IP 地址，即 AMF 网元的地址。本端 SCTP 端口号通常与增加控制面本端中的本端 SCTP

端口号相同，为 38412。

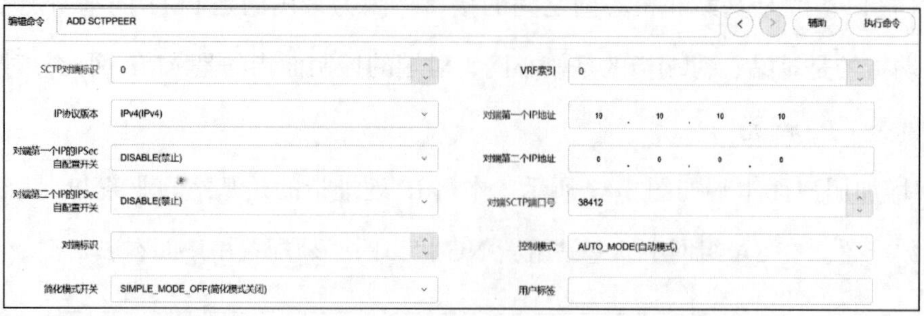

图3-90　增加控制面对端

（6）增加端节点组

增加端节点组如图 3-91 所示。端节点对象归属组标识用于区分不同的端节点组，一般情况下，不同的 NG 接口使用不同的端节点组。

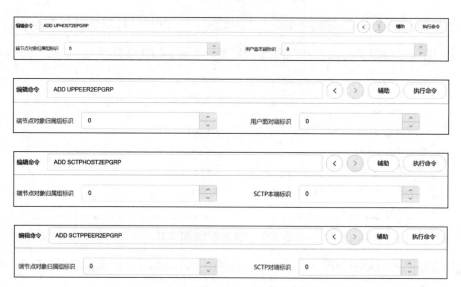

图3-91　增加端节点组

增加用户面 / 控制面的本端 / 对端至端节点组如图 3-92 所示。

图3-92　增加用户面/控制面的本端/对端至端节点组

（7）增加 NG 配置

本例中的增加 NG 配置就是增加基站 CU NG 对象，如图 3-93 所示。添加基站 CU NG 对象前，需确保使用的控制面端节点资源组和用户面端节点资源组已添加。

图3-93　增加基站CU NG对象

4.无线数据配置

无线数据配置包括扇区配置、小区配置和激活小区。扇区配置主要包括增加扇区、增加扇区设备；小区配置包括增加 DU 小区、增加 DU 小区传输和接收点（TRP）、增加 DU 小区覆盖区、增加小区。

（1）扇区配置

① 增加扇区如图 3-94 所示。当基站配置 64T64R 收发模式时（采用大规模 MIMO），天线数设为 0；当基站配置的收发模式等于或低于 8T8R 时（不采用大规模 MIMO），天线数按照收发天线数量配置。

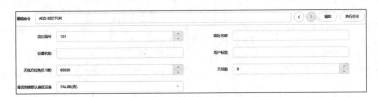

图3-94　增加扇区

② 增加扇区设备如图 3-95 所示。若采用大规模 MIMO，天线配置方式设置为 BEAM（波束），否则将其设置为天线端口。扇区和扇区设备对应时，扇区设备需要与站点规划的该扇区覆盖区域对应的 RRU/AAU 进行映射。RRU 柜号、RRU 框号和 RRU 槽号这 3 个参数表示该扇区设备对应的 RRU/AAU 位置。

图3-95　增加扇区设备

（2）小区配置

① 增加 DU 小区如图 3-96 所示。NR DU 小区标识及 NR DU 小区名称按照协商参数配置，NR DU 小区标识在基站内标识唯一的 DU 小区。物理小区标识（PCI）用于在空口中标识一个小区。其余参数均参照规划参数进行配置。

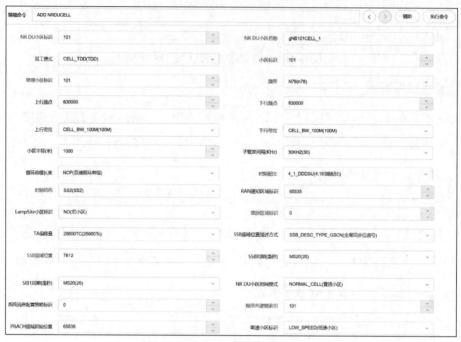

图3-96　增加DU小区

② 增加 DU 小区 TRP 如图 3-97 所示。NR DU 小区 TRP 标识按照规划参数配置。如果采用大规模 MIMO，发送和接收模式则需配置为 64T64R 或 32T32R，且和 AAU 通道数匹配。

图3-97　增加DU小区TRP

③ 增加 DU 小区覆盖区如图 3-98 所示。NR DU 小区覆盖区标识按照规划参数配置，通过 NR DU 小区 TRP 标识与 NR DU 小区 TRP 绑定，通过扇区设备标识与扇区设备绑定。

图3-98　增加DU小区覆盖区

④ 增加小区如图 3-99 所示。NR 小区标识在本基站范围内标识一个小区，按照规划参数配置，通过小区标识与 NR DU 小区绑定。

图3-99　增加小区

（3）激活小区

激活小区如图 3-100 所示。NR 小区标识表示需要被激活的小区标识。

图3-100　激活小区

3.4.3　覆盖查看

选择"无线覆盖"，可以直接查看基站覆盖情况。若配置的为宏站单基站三扇区，则基站覆盖如图 3-101 所示。

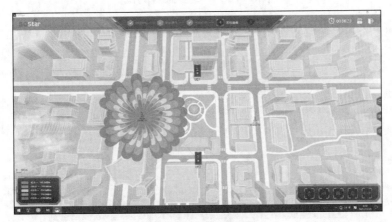

图3-101　基站覆盖

3.4.4 业务测试

① 选择"业务演示"，分别单击两部手机的开机按钮，手机界面如图 3-102 所示。

图3-102　手机界面

② 选择一部手机为主叫，另一部手机为被叫，进行语音业务测试，如图 3-103 所示。

图3-103　语音业务测试

③ 选择手机界面中的"视频"，进行数据业务测试，如图 3-104 所示。

图3-104　数据业务测试

任务5 基站配置排障实践

基站配置的故障分为硬件配置故障和数据配置故障两大类。数据配置故障又分为全局数据配置故障、设备数据配置故障、传输数据配置故障和无线数据配置故障。在这4种数据配置故障中，传输数据配置故障和无线数据配置故障是最常见的。本任务将分别对设备数据配置故障、传输数据配置故障和无线数据配置故障进行排障实践。

3.5.1 GPS线缆未安装

打开告警界面查看告警，如图 3-105 所示。从这些告警中可以看到几条重要的告警，如"时钟参考源异常告警""系统时钟不可用告警"等。这两条告警说明系统的时钟模块有问题。

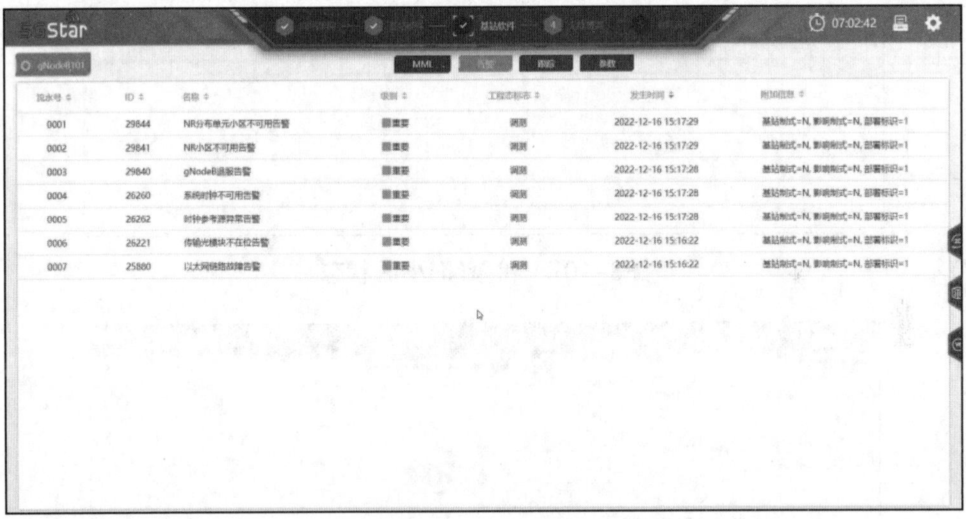

图3-105 查看告警

打开无线覆盖界面，查看信号覆盖情况，如图 3-106 所示，发现基站已经没有信号覆盖。

首先检查 NR 小区状态，采用的命令是 DSP NRCELL，如图 3-107 所示。从结果可以看到，小区状态变化的原因是"NRDUCELL 不可用"。

接下来检查 NR DU 小区状态，采用的命令是 DSP NRDUCELL，如图 3-108 所示。从结果可以看到，NR DU 小区状态变化的原因是时钟不可用。

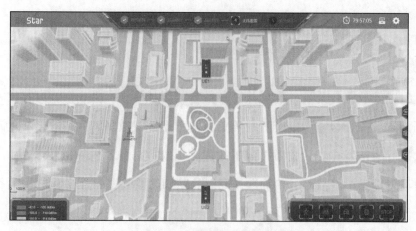

图3-106　查看信号覆盖情况

图3-107　检查NR小区状态

图3-108　检查NR DU小区状态

　　然后检查时钟源状态，采用的命令是 DSP CLKSRC，如图 3-109 所示。从结果可以看到，参考时钟源状态为不可用。

图3-109 检查时钟源状态

打开基站硬件界面，发现 GNSS 模块和 UMPT 单板之间的馈线丢失，如图 3-110 所示。因此，在 GNSS 模块和 UMPT 单板之间连接超柔馈线，如图 3-111 所示。

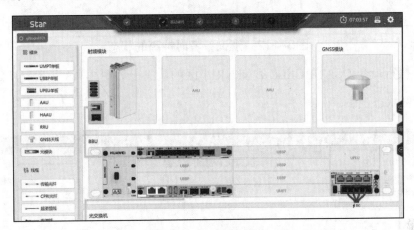

图3-110 馈线丢失

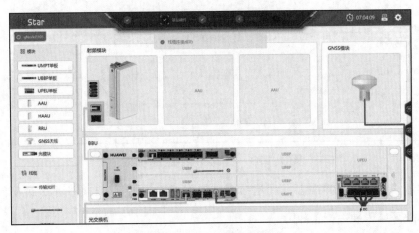

图3-111 连接超柔馈线

连接馈线后,首先执行命令 DSP CLKSRC 查询参考时钟源的状态,如图 3-112 所示。从结果可以看到,此时参考时钟源状态已经变为可用。

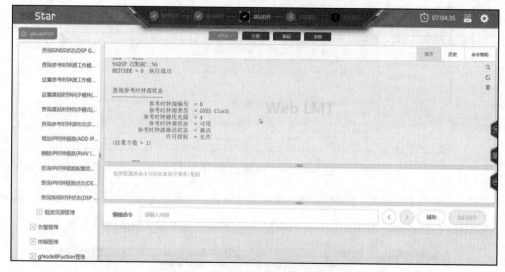

图3-112　查询参考时钟源的状态

然后执行命令 DSP NRCELL 查询 NR 小区的状态,如图 3-113 所示。从结果可以看到,小区状态正常。

图3-113　查询NR小区的状态

最后进入无线覆盖界面,发现基站信号覆盖正常,如图 3-114 所示,说明问题已经解决。本故障属于硬件配置故障。

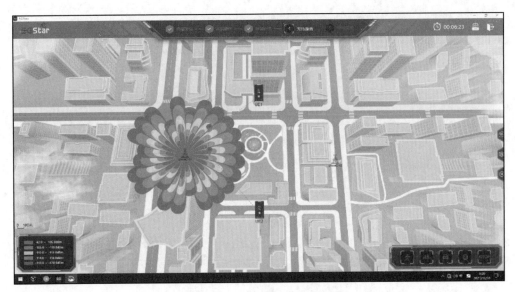

图3-114　基站信号覆盖正常

3.5.2　IP路由没有配置

打开告警界面查看告警，如图 3-115 所示。从这些告警中可以看到几条重要的告警，如"gNodeB NG 接口故障告警""SCTP 链路故障告警"。初步判断可能是基站的传输数据配置有问题。

流水号	ID	名称	级别	工程态标志	发生时间	附加信息
0001	29844	NR分布单元小区不可用告警	重要	调测	2022-12-19 16:07:32	基站制式=N, 影响制式=N, 部署标识=1
0002	29841	NR小区不可用告警	重要	调测	2022-12-19 16:06:51	基站制式=N, 影响制式=N, 部署标识=1
0003	29840	gNodeB退服告警	重要	调测	2022-12-19 16:06:51	基站制式=N, 影响制式=N, 部署标识=1
0004	29815	gNodeB NG接口故障告警	重要	调测	2022-12-19 16:06:51	基站制式=N, 影响制式=N, 部署标识=1
0006	25955	SCTP链路目的地地址不可达告警	提示	调测	2022-12-19 16:06:51	基站制式=N, 影响制式=N, 部署标识=1
0007	25888	SCTP链路故障告警	重要	调测	2022-12-19 16:06:50	基站制式=N, 影响制式=N, 部署标识=1
0005	26221	传输光模块不在位告警	重要	调测	2022-12-19 14:21:43	基站制式=N, 影响制式=N, 部署标识=1
0008	25880	以太网链路故障告警	重要	调测	2022-12-19 14:21:42	基站制式=N, 影响制式=N, 部署标识=1

图3-115　查看告警

打开无线覆盖界面，查看信号覆盖情况，如图 3-116 所示，发现基站已经没有信号覆盖。

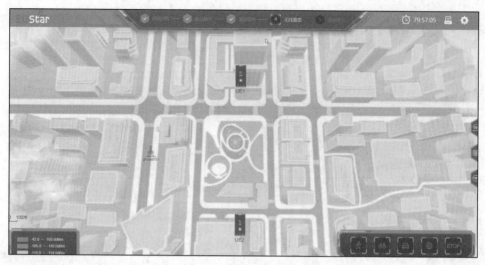

图3-116 查看信号覆盖情况

首先检查 NR 小区状态，采用的命令是 DSP NRCELL，如图 3-117 所示。从结果可以看到，小区状态变化的原因是"NG 接口不可用"，因此可以把问题锁定在传输数据配置。

图3-117 检查NR小区状态

接下来检查 NG 接口状态，采用的命令是 DSP GNBCUNG，如图 3-118 所示。从结果可以看到，NG 接口状态异常。

NG 接口的传输协议栈包含物理层、数据链路层、网络层和传输层。首先检查物理层以太网端口的状态，采用的命令是 DSP ETHPORT，如图 3-119 所示。从中可以看到，1 号端口处于激活状态，没有问题。

112

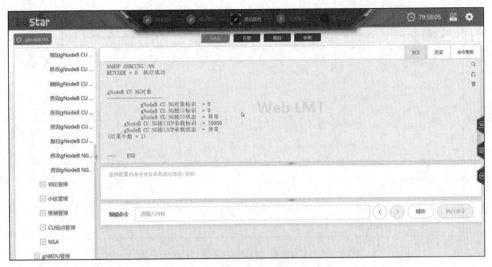

图3-118　检查NG接口状态

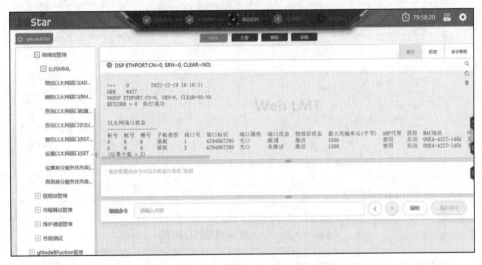

图3-119　检查以太网端口状态

接着检查数据链路层 VLAN 配置，采用的命令是 LST VLANMAP，如图 3-120 所示。从中可以看到，VLAN 配置没有问题。

再检查网络层 IP 地址和 IP 路由，采用的命令分别是 LST DEVIP 和 LST IPRT。检查 IP 路由如图 3-121 所示。从中可以看到，LST IPRT 的命令执行结果为空，说明 IP 路由没有配置。

因此，需要增加 IP 路由，采用的命令是 ADD IPRT。根据业务需求，可以配置主机路由、网段路由、默认路由，这里采用 10.10.10.0 的网段路由来匹配 AMF 和 UPF 的 IP 地址。增加 IP 路由如图 3-122 所示。

图3-120　检查数据链路层VLAN配置

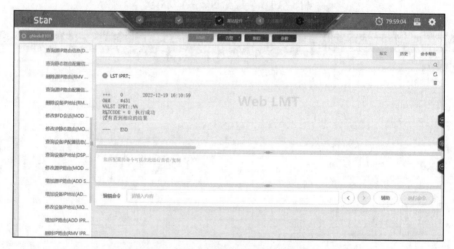

图3-121　检查网络层IP路由

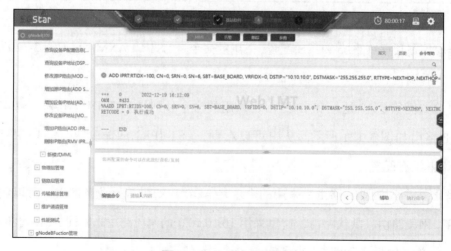

图3-122　增加IP路由

增加 IP 路由后，首先执行命令 DSP GNBCUNG 查询 NG 接口的状态，如图 3-123 所示。从结果可以看到，NG 接口状态正常，说明传输数据配置正常。

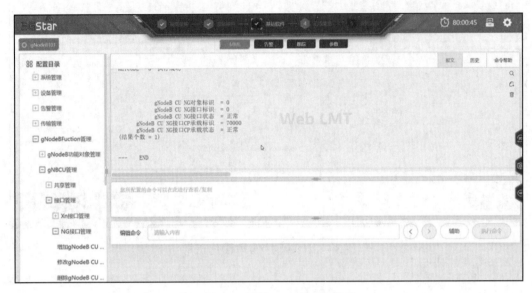

图3-123 查询NG接口的状态

然后执行命令 DSP NRCELL 查询 NR 小区的状态，如图 3-124 所示。从结果可以看到，NR 小区状态正常。

图3-124 查询NR小区的状态

最后进入无线覆盖界面，发现基站信号覆盖正常，如图 3-125 所示，说明问题已经解决。

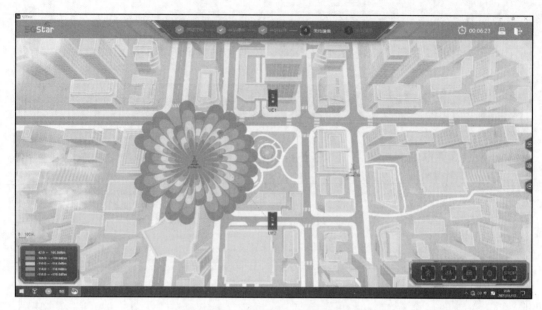

图3-125 基站信号覆盖正常

3.5.3 DU小区收发模式配置错误

打开告警界面查看告警，如图 3-126 所示。从这些告警中可以看到几条重要的告警，如"NR 分布单元小区 TRP 不可用告警""NR 小区不可用告警"等，但是并没有出现"gNodeB NG 接口故障告警"，因此初步判断可能是基站的无线数据配置有问题。

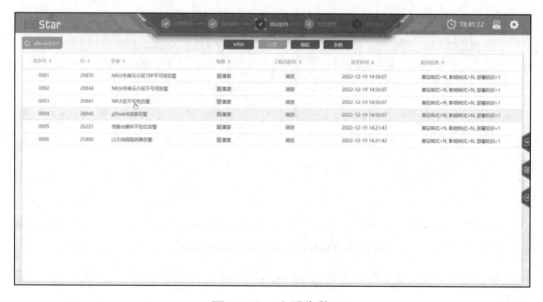

图3-126 查看告警

打开无线覆盖界面，查看信号覆盖情况，如图 3-127 所示，发现基站已经没有信号覆盖。

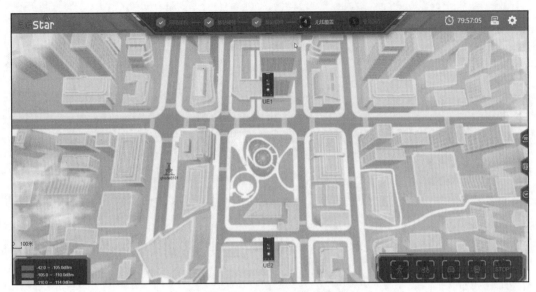

图3-127 查看信号覆盖情况

首先检查 NR 小区状态，采用的命令是 DSP NRCELL，如图 3-128 所示。从结果可以看到，小区状态变化的原因是"NRDUCELL 不可用"，因此可以把问题锁定在无线数据配置。

图3-128 检查NR小区状态

接下来检查 NR DU 小区状态，采用的命令是 DSP NRDUCELL，如图 3-129 所示。

从结果可以看到，NR DU 小区状态变化的原因是无可用射频资源，而 DU 小区 TRP 中包含了射频相关的信息。

图3-129　检查NR DU小区状态

然后检查 NG DU 小区 TRP 参数，采用的命令是 LST NRDUCELLTRP，如图 3-130 所示。从结果可以看到，发送和接收模式是"三十二发三十二收"。很明显，这个参数是有问题的，因为硬件设备 AAU 是"64T64R"，NG DU 小区 TRP 中这个参数和硬件设备不匹配。

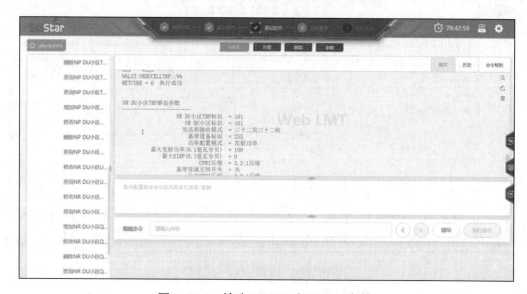

图3-130　检查NR DU小区TRP参数

因此，需要修改 NR DU 小区 TRP 中的发射和接收模式，采用的命令是 MOD NRDU CELLTRP，如图 3-131 所示。发送和接收模式修改为 64T64R。

修改 NG DU 小区 TRP 中的发射和接收模式后，先执行命令 DSP NRCELL 查询 NR 小区的状态，如图 3-132 所示。从结果可以看到，NR 小区状态正常。

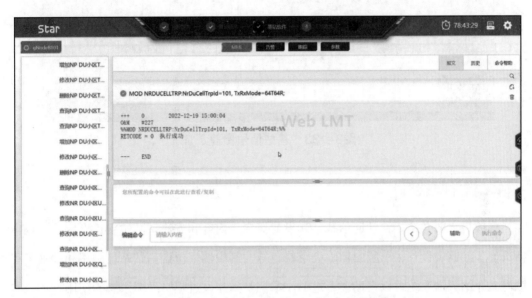

图3-131 修改NR DU小区TRP中的发射和接收模式

图3-132 查询NR小区的状态

再进入无线覆盖界面，发现基站信号覆盖正常，如图 3-133 所示，说明问题已经解决。

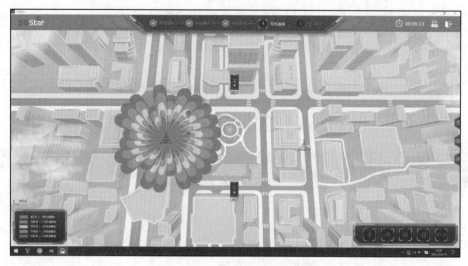

图3-133　基站信号覆盖正常

项目小结

本项目主要介绍了移动通信基站建设的概念、内容和方法。基站项目设计的流程包括选址、勘察、设计、出版归档、会审修正等，其中勘察包含基站站址勘察和基站工程勘察。介绍天馈系统可以帮助读者进一步掌握基站建设过程中天馈系统的使用方式。本项目还对站点设备的安装、基站开站配置和基站配置排障进行了详细的讲解，读者通过学习这些内容，可以掌握基站设备的安装、数据配置的方法等，并且掌握排障中的一些常见思路。

学习本项目时，建议加强基站勘察和站点设备安装的流程和方法的学习，并在案例中加以应用。同时，读者应该对天馈系统的器件、分类有一定的了解，便于在实际建设场景中选择合适的器件。

习题

1. 请描述天馈系统的组成。

2. 在硬件配置中，AAU 与 UBBP 单板使用什么线连接？

3. 添加运营商信息使用哪条 MML 命令？

4. 添加 IP 路由使用哪条 MML 命令？

5. 尝试完成下面的基站勘察任务。

（1）任务介绍

某市移动公司为在某校的校区内实现 5G 无线网络覆盖，决定在该校园内的国际交流中心办公楼选一个合适的房间作为基站机房，安装无线基站设备及其配套设备。

移动公司决定在该校园办公楼租用一个房间作为基站机房。该办公楼共 5 层，基站天线在楼顶采用铁塔安装，现要求合理选择本次任务所需的机房，并对该机房进行勘察，按照机房工艺要求进行改进。

（2）任务要求

① 请说明勘察需要用到的工具及其具体的用途。

② 请说明勘察需要记录的信息。

③ 结合勘察信息，输出勘察报告。

项目四

认识5G空口关键技术

学习目标：

① 认识5G的几种关键技术

② 掌握5G无线空口协议栈

③ 掌握5G时频域资源

④ 认识5G信道和信号

和4G相比，5G无线通信网络在传输速度、传输容量、时延等方面具有非常显著的优势，在医学、航空、工业生产、智慧城市建设等方面具有非常广泛的应用。5G的诸多优势和它的新技术、空中接口的新特点是分不开的，本项目将分别介绍5G关键技术和5G空中接口。

任务1 认识5G关键技术

4.1.1 Massive MIMO

大规模多输入多输出（Massive MIMO）是一项革命性的5G通信技术，它利用了大规模天线阵列的优势，旨在显著提高通信系统的性能和效率。这一技术的核心思想是引入大规模的天线阵列，以增加系统的容量，提高频谱效率，同时降低干扰。Massive MIMO技术如图4-1所示。

图4-1　Massive MIMO技术

以下是 Massive MIMO 的基本概念和原理。

① 天线阵列。Massive MIMO 系统通常包括数百甚至数千个天线，这些天线排列成一个大型阵列。每个天线都可以独立地发送和接收信号，从而允许系统同时处理多个用户的数据流。

② 波束赋形。波束赋形是 Massive MIMO 的核心技术之一。通过调整天线的相位和振幅，系统可以将信号聚焦在特定的方向，以提高信号的接收质量。这使系统能够有效地降低多径干扰，提高信噪比。

③ 多用户传输。Massive MIMO 系统具备多用户传输的能力，这意味着它可以同时为多个用户提供服务，而不会降低数据传输速率。这对于高密度用户区域和拥挤的网络非常重要。

Massive MIMO 通过以下方式提高了系统性能。

① 最高频谱效率。大规模天线阵列允许系统在相同的频谱带宽内同时传输多个数据流，因此提高了频谱效率。这意味着更多的用户可以在相同的频谱资源下进行通信。

② 降低干扰。通过波束赋形技术，Massive MIMO 可以减少多径干扰，从而提高信号的接收质量。这对于在拥挤的频谱中提供高质量通信至关重要。

③ 增加网络容量。大规模多用户传输使系统能够同时为多个用户提供服务，从而增加了网络容量。这对于高密度用户区域和大型活动场所非常重要。

Massive MIMO 在 5G 中应用广泛，例如它可以通过波束赋形将信号聚焦在用户设备上，提高信号的接收质量，从而扩大网络覆盖范围，增加网络容量。

Massive MIMO 还具备多用户传输的能力，可以同时为多个用户提供服务，适用于高密度用户区域，如城市和体育场馆。在室内环境中，它可以通过多用户传输和波束赋形来提供更好的覆盖和服务，解决了室内通信的问题。

4.1.2　256QAM

256QAM 是一种高阶调制技术，它代表每个符号可以表示 256 种不同的状态，这意味着每个符号可以携带更多的信息，从而提高了数据传输的速率。256QAM 如图 4-2 所示。

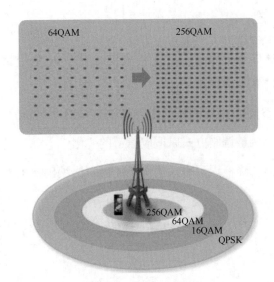

图4-2 256QAM

256QAM 的原理包括以下关键点。

① 符号的组合数量。256QAM 使用一个符号的 256 种组合来传输数据。这些组合代表 256 个不同的信号状态，每个状态都对应一个特定的比特序列。

② 映射方式。256QAM 将这些符号映射到正交调制的信号点。这些信号点通常位于星座图，而星座图是一种图形表示方法，用于表示不同的调制符号。

③ 调制过程。在发送端，数据被编码成一系列 256QAM 符号。每个符号的选择基于传输的数据位，以及星座图中的信号点。

④ 解调过程。在接收端，接收到的信号经过解调后映射回原始的数据位。这个过程需要对噪声和失真进行补偿，以准确还原原始数据。

256QAM 在 5G 网络中发挥着重要的角色，具有以下优势。

① 数据传输速率高。256QAM 可以在每个符号中编码更多的数据，因此能够提供更高的数据传输速率。这对于支持高速下载和流媒体应用非常重要。

② 频谱效率高。由于每个符号可以携带更多的信息，因此 256QAM 提高了频谱效率，允许在相同的频谱资源下传输更多的数据。

③ 带宽利用率高。256QAM 可以更好地利用可用的带宽，因为它可以在相同的频谱范围内传输更多的数据。这有助于减少网络拥塞问题。

尽管 256QAM 提供了高速数据传输和高频谱效率，但它对信道质量要求较高。由于信道中存在噪声和失真，信号可能会受到影响，误码率上升。因此，在使用 256QAM

时需要考虑以下问题。

（1）信噪比。较高的信噪比有助于减小误码率。因此，在信号传输中，确保足够的信号强度和较低的噪声水平非常重要。

（2）信道状况。不同的信道状况可能会对256QAM的性能产生不同的影响。在不同的环境中，可能需要调整调制方式以适应信道的变化。

（3）纠错编码。为了降低误码率，通常会使用纠错编码技术。其编码方法可以检测和纠正数据传输中的错误。

4.1.3　F-OFDM

滤波正交频分复用（F-OFDM）是一种改进的正交频分复用（OFDM）技术，旨在提高数据传输的可靠性和效率。与OFDM相比，F-OFDM具有一些关键的不同之处，具体如下。

① 子载波滤波。在OFDM中，所有的子载波都具有相同的带宽，这在高移动性或多径传播环境中可能会导致干扰。相比之下，F-OFDM采用了不同带宽的子载波，其中一些子载波具有较窄的带宽，而另一些子载波则具有较宽的带宽。这种差异化的子载波带宽有助于减小多径干扰，提高信号的抗干扰性。

② 子载波插入和删除。F-OFDM还引入了一种动态的子载波插入和删除机制。根据信道状况，F-OFDM可以自适应地选择在特定时间段内使用哪些子载波，从而最大限度地减小干扰。

资源分配是指将可用的频谱资源有效地分配给用户或服务，以优化网络性能、提高频谱利用率并确保服务质量。OFDM资源分配方式如图4-3所示，F-OFDM资源分配方式如图4-4所示。

相较于OFDM，F-OFDM具有以下特点。

① 抗多径干扰。由于采用了不同带宽的子载波、动态的子载波插入和删除机制，F-OFDM在多径传播环境中表现更好，减小了信号受干扰的可能性。

② 高效利用频谱。F-OFDM可以更高效地利用可用频谱，根据需要分配不同带宽的子载波，提高了频谱的利用效率。

③ 适用于毫米波通信。毫米波通信是5G网络中的重要组成部分，而F-OFDM的

抗干扰性和频谱灵活性使其成为在毫米波频段实现高速通信的理想选择。

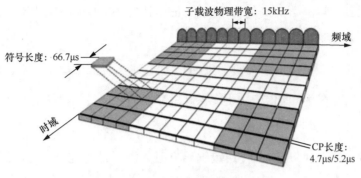

图4-3 OFDM资源分配方式

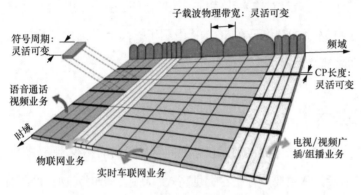

图4-4 F-OFDM资源分配方式

4.1.4 信道编码

信道编码是一种通信技术，用于提高数据传输的可靠性。信道编码包括纠错编码和调制编码。

① 纠错编码。纠错编码通过在数据中添加冗余信息，使接收端能够检测和纠正数据传输过程引入的错误。最常见的纠错编码方案之一是循环冗余检验（CRC），它通过附加校验位来检测错误。还有两种重要的纠错编码方案是卷积码和块码，它们可以纠正多位错误。

② 调制编码。调制编码是将数字数据转换为模拟信号的过程，以便在通信链路上传输。常见的调制编码方案包括正交调幅（QAM）和相移键控（PSK），它们通过改变振幅、相位或频率来表示数字数据。

在5G通信中，可以采用多种纠错编码方案以提高数据传输的可靠性和效率。

① Turbo 码。Turbo 码是一种强大的纠错编码方案，它通过在编码过程中引入两个或更多的编码器，以显著提高纠错性能。Turbo 码在 5G 中被广泛使用，特别是在高速数据传输和毫米波通信中。

② LDPC 码。低密度奇偶校验（LDPC）码也是一种纠错编码方案，具有出色的性能和低复杂性。它在 5G 通信中用于提供高可靠性的数据传输，特别是在广域覆盖和低功耗设备上。

③ 极化码。极化码是另一种纠错编码方案，而不是传统意义上的纠错编码方案。尽管它不是专门用来纠正错误的编码方案，但它在 5G 通信中的应用是为了提高信号的抗干扰性和可靠性。它通过对输入比特进行变换，使一些比特更容易传输，同时降低了其他比特的传输可靠性。极化码在 5G NR 中用于提高信号的抗干扰性和可靠性，尤其在毫米波频段和高速移动通信中表现出色。

4.1.5　D2D技术

设备到设备（D2D）技术是指移动设备之间直接通信的无线通信技术，绕过了传统的基站，如图 4-5 所示。其主要目标是在提供高效、高速、低时延通信的同时，降低通信网络的负载，提高频谱效率。D2D 技术可应用于多种场景，包括增强室内覆盖、多跳通信等。

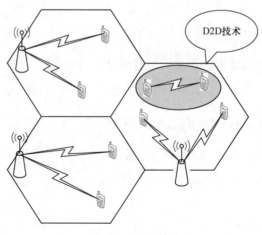

图4-5　D2D技术

① 增强室内覆盖。D2D 技术可用于弥补室内网络的覆盖盲点。在室内环境中，移动设备可以直接进行通信，无须通过基站中继，从而提高了通信质量，扩大了覆盖范围。

② 多跳通信。在某些情况下，移动设备可以作为中继节点,互相协同完成数据传输。

多跳通信可以在无线网络中创建更加灵活和可靠的通信链路，有助于解决拓扑复杂或信号传输受阻的问题。

D2D 技术具有多重优势，包括但不限于以下几点。

① 降低网络时延。D2D 技术缩短了数据传输的路径长度，从而降低了通信时延。这对于实时通信和交互式应用非常重要，如在线游戏、视频通话和紧急通信。

② 提高频谱效率。通过 D2D 技术，移动设备可以更有效地利用可用的频谱资源，减少信道拥塞和频谱浪费。这有助于提高整个通信网络的容量，改善性能。

③ 减轻基站负载。D2D 技术可以减少基站的负载，特别是在高密度用户区域。这降低了基站的通信压力，延长了基站的寿命，同时提升了用户体验。

由此可见，D2D 技术在 5G 通信中具有广泛的应用前景，它不仅可以改善通信质量和网络性能，还可以为各种新兴应用提供支持，包括物联网、车联网和智慧城市等。通过设备之间的直接通信，D2D 技术有助于构建更为灵活、高效和可靠的通信网络。

任务2 认识5G空中接口

4.2.1 5G无线空中接口协议

5G 无线协议栈分为两个平面：用户面和控制面。用户面协议栈即用户业务数据传输采用的协议栈，控制面协议栈即系统的控制信令传输采用的协议栈。

5G 用户面协议栈由服务数据适配协议（SDAP）层、分组数据汇聚协议（PDCP）层、无线链路控制（RLC）层、介质访问控制（MAC）层和物理（PHY）层组成，如图 4-6 所示。

5G 控制面协议栈包括非接入层（NAS）和接入层（AS）。NAS 是高层协议，负责

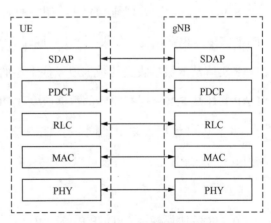

图4-6 5G用户面协议栈

UE 与核心网的通信；AS 由无线资源控制（RRC）层、PDCP 层、RLC 层、MAC 层和 PHY

层组成，如图 4-7 所示。

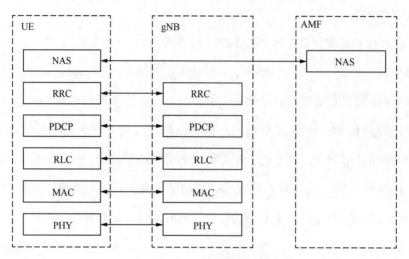

图4-7　5G控制面协议栈

（1）SDAP 层

SDAP 层提供的主要功能具体包括以下 3 个。

① 负责服务质量（QoS）流与数据无线承载（DRB）之间的映射。

② 为下行和上行数据包添加服务质量流标识（QFI）。

③ 反射 QoS 流到 DRB 的映射［用于上行 SDAP 协议数据单元（PDU）］。

只有当 UE 接入的核心网是 5GC（而不是 4G 核心网 EPC）时，才存在 SDAP 层的处理。SDAP 层只应用于用户面数据，而不应用于控制面数据。

SDAP 实体用于处理与 SDAP 层相关的流程。每个独立的 PDU 会话对应一个独立的 SDAP 实体。也就是说，如果一个 UE 同时有多个 PDU 会话，则会建立多个 SDAP 实体。SDAP 实体从上层接收到的数据或发往上层的数据被称作 SDAP 服务数据单元（SDU），SDAP 实体从 PDCP 层接收到的数据或发往 PDCP 层的数据被称作 SDAP PDU。

多个 QoS 流可以映射到同一个 DRB 上。但是在上行，同一时间一个 QoS 流只能映射到一个 DRB 上，但后续可以修改并将一个 QoS 流映射到其他 DRB 上。

（2）PDCP 层

在 NR 的协议栈中，PDCP 层位于 RLC 层之上、SDAP 层（用户面）或 RRC 层（控制面）之下。PDCP 层主要具有以下 6 个功能。

① 对 IP 报头进行压缩 / 解压缩，以减少空中接口传输的比特数。

② 对数据（包括控制面数据和用户面数据）进行加密 / 解密。

③ 对数据进行完整性保护。对控制面数据必须进行完整性保护，对用户面数据是否进行完整性保护取决于配置。

④ 基于定时器的 SDU 丢弃。PDCP SDU 丢弃功能主要用于防止发送端的传输缓存区溢出，丢弃那些长时间没有被成功发送的 SDU。

⑤ 路由。在使用分流（Split）承载的情况下，PDCP 发送端会对报文进行路由转发。

⑥ 重排序和按序递送。在 NR 中，RLC 层只要重组一个完整的 RLC SDU，就会将其送往 PDCP 层。也就是说，RLC 层是不会对 RLC SDU（即 PDCP PDU）进行重排序的，其发往 PDCP 层的 RLC SDU 可能是乱序的。这就要求 PDCP 的接收端对从 RLC 层接收到的 PDCP PDU 进行重排序，并按顺序递送给上层。

PDCP 层只应用在映射到逻辑信道专用控制信道（DCCH）和专用传输通道（DTCH）的无线承载上，而不会应用于其他类型的逻辑信道上。也就是说，系统信息、寻呼和使用 SRB0 的数据不经过 PDCP 层处理，也不存在相关联的 PDCP 实体，其中系统信息包括主消息块（MIB）和系统消息块（SIB）。

除了 SRB0，每个无线承载都对应一个 PDCP 实体。一个 UE 可建立多个无线承载，因此可包含多个 PDCP 实体，每个 PDCP 实体只处理一个无线承载的数据。基于无线承载的特性或 RLC 模式的不同，一个 PDCP 实体可以与一个、两个或四个 RLC 实体相关联。对于非分流（Non-Split）承载，每个 PDCP 实体与一个 UM RLC 实体（单向）、两个 UM RLC 实体（双向，每个 RLC 实体对应一个方向）或一个 AM RLC 实体（一个 AM RLC 实体同时支持两个方向）相关联。对于 Split 承载，由于一个 PDCP 实体在主小区组（MCG）和辅小区组（SCG）上均存在对应的 RLC 实体，所以每个 PDCP 实体与两个 UM RLC 实体（同向）、四个 UM RLC 实体（每个方向各两个）或两个 AM RLC 实体（同向）相关联。

在发送端，PDCP 实体按以下步骤进行处理。

① 来自 SDAP 层的用户面数据（PDCP SDU）或来自 RRC 层的控制面数据会先缓存在 PDCP 的传输缓存区，并按顺序为每个数据包分配一个序列号，指示数据包的发送顺序。

② PDCP 实体会对用户面数据进行头部压缩处理。头部压缩只应用于用户面数据，

而不应用于控制面数据，用户面数据是否进行头部压缩处理是可选的。

③ PDCP 实体基于完整性保护算法对控制面数据或用户面数据进行完整性保护，并生成 MAC-I 验证码，以便接收端进行完整性校验。控制面数据必须进行完整性保护，而用户面数据的完整性保护是可选的。

④ PDCP 实体会对控制面数据或用户面数据进行加密，以保证发送端和接收端之间传输数据的安全性。除了 PDCP Control PDU，经过 PDCP 层的所有数据都会进行加密处理。

⑤ 添加 PDCP 头部，生成 PDCP PDU。

⑥ 如果 RRC 层给 UE 配置了复制功能，则 UE 在发送上行数据时，会在两条独立的传输路径上发送相同的 PDCP PDU。如果存在 Split 承载，则 PDCP 层可能需要对 PDCP PDU 进行路由，以便发送到目标承载上。路由和复制都是在 PDCP 发送实体里进行的。

在接收端，PDCP 实体按以下步骤进行处理。

① PDCP 实体从 RLC 层接收到一个 PDCP Data PDU 后，会先移除该 PDU 的 PDCP 头部，并根据接收到的 PDCP 序列号和自身维护的超帧号（HFN）得到该 PDU 的 RCVD COUNT 值，该值对后续的处理至关重要。

② PDCP 实体会使用与 PDCP 发送端相同的加解密算法对数据进行解密。

③ PDCP 实体会对解密后的数据进行完整性校验。如果完整性校验失败，则向上层指示完整性校验失败，并丢弃该 PDU。

④ PDCP 实体会判断是否收到了重复包。如果是，则丢弃重复的数据包；如果不是，则将 PDCP SDU 放入接收缓存区，进行可能存在的重排序处理，以便将数据按顺序递送给上层。

⑤ PDCP 实体对数据进行头部解压缩。如果解压缩成功，则将 PDCP SDU 递送给上层；如果解压缩失败，则信号接收端会将反馈信息发送到压缩端，以指示报头上下文已被破坏。

（3）RLC 层

RLC 层位于 PDCP 层和 MAC 层之间，它通过服务接入点（SAP）与 PDCP 层进行通信，并通过逻辑信道与 MAC 层进行通信。RLC 配置是逻辑信道级的配置，一个

RLC 实体只对应 UE 的一个逻辑信道。RLC 实体从 PDCP 层接收到的数据或发往 PDCP 层的数据被称作 RLC SDU（或 PDCP PDU）。RLC 实体从 MAC 层接收到的数据或发往 MAC 层的数据被称作 RLC PDU（或 MAC SDU）。RLC 层主要具有以下功能。

① 分段/重组。在一次传输机会中，一个逻辑信道可发送的 RLC PDU 的资源量是由 MAC 层指定的，其大小通常并不能保证每个需要发送的 RLC SDU 都能完整地被发送出去，所以发送端需要对某些（或某个）RLC SDU 进行分段，以便匹配 MAC 层指定的总大小。相应地，接收端需要对之前分段的 RLC SDU 进行重组，以便恢复原来的 RLC SDU 并递送给上层。

② 通过自动重传请求（ARQ）来进行纠错（只适用于 AM）。MAC 层的混合自动重传请求（HARQ）机制的目标在于实现非常快速的重传，其反馈出错率在 1% 左右。对于某些业务，如 TCP 传输（要求丢包率小于 10^{-5}），HARQ 反馈的出错率就显得过高了。对于这类业务，RLC 层的 ARQ 能够进一步降低反馈出错率。

③ 对 RLC SDU 分段进行重分段（只适用于 AM）。当一个 RLC SDU 分段需要重传，但 MAC 层指定的大小无法保证该 RLC SDU 分段完全被发送出去时，就需要对该 RLC SDU 分段进行重分段处理。

④ 重复包检测（只适用于 AM）。出现重复包的最大可能是发送端反馈了 HARQ ACK，但接收端错误地将其解释为 NACK，从而导致了不必要的 MAC SDU 重传。当然，RLC 层的重传（AM 下）也可能带来重复包。

⑤ RLC SDU 丢弃处理（只适用于 UM 和 AM）。当 PDCP 层指示 RLC 层丢弃一个特定的 RLC SDU 时，RLC 层会触发 RLC SDU 丢弃处理。如果此时 RLC 层既没有将该 RLC SDU 丢弃，又没有将该 RLC SDU 的部分分段递交给 MAC 层，则 AM RLC 实体发送端或 UM 实体发送端会丢弃指示的 RLC SDU。也就是说，如果一个 RLC SDU 或其任意分段已经用于生成 RLC PDU，则 AM RLC 实体发送端不会丢弃它，而是会完成该 RLC SDU 的传输（这意味着 AM RLC 实体发送端会持续重传该 RLC SDU，直到它被对端成功接收）。当丢弃一个 RLC SDU 时，AM RLC 实体发送端并不会引入 RLC 序列号间隙。

⑥ RLC 重建。在切换流程中，RRC 层会要求 RLC 层进行重建。此时，RLC 层会停止并重置所有定时器，将所有的状态变量重置为初始值，丢弃所有的 RLC SDU、RLC SDU 分段和 RLC PDU。在 NR 中，RLC 重建时接收端是不会向上层递送 RLC

SDU 的。这是因为 NR 中的 RLC 层不支持重排序，只要收到一个完整的 RLC SDU，它就立即向上层递送，所以接收端不会缓存完整的 RLC SDU。

RLC 层的功能是由 RLC 实体来实现的，而 RLC 实体是在无线承载建立时创建、无线承载释放时删除的。一个 RLC 实体可以配置成以下 3 种模式之一。

① 透传模式（TM）：对应 TM RLC 实体，简称 TM 实体。该模式可以认为是空的 RLC，因为它只提供数据的透传功能，不会对数据进行任何加工处理，也不会添加 RLC 头信息。

② 非确认模式（UM）：对应 UM RLC 实体，简称 UM 实体。该模式不会对接收到的数据进行确认，即不会向发送端反馈 ACK/NACK。因此，该模式提供了一种不可靠的传输服务。

③ 确认模式（AM）：对应 AM RLC 实体，简称 AM 实体。通过出错检测和自动重传，该模式提供了一种可靠的传输服务。该模式提供了 RLC 层的所有功能。

一个 TM 实体或 UM 实体只具备发送或接收数据的功能，而不能同时具备收发功能；而 AM 实体既具备发送功能，又具备接收功能。需要说明的是，在同一个 RLC 实体（或配对的 RLC 实体）内讨论具体的流程才有意义，不同的 RLC 实体是相互独立的。不同模式支持的 RLC 层功能见表 4-1。

表4–1　不同模式支持的RLC层功能

RLC 层功能	模式		
	TM	UM	AM
传输上层 PDU	✓	✓	✓
使用 ARQ 进行纠错	×	×	✓
对 RLC SDU 进行分段和重组	×	✓	✓
对 RLC SDU 分段进行重分段	×	×	✓
重复包检测	×	×	✓
RLC SDU 丢弃处理	×	✓	✓
RLC 重建	✓	✓	✓
协议错误检测	×	×	✓

（4）MAC 层

MAC 层为上层协议层提供数据传输和无线资源分配服务，其主要功能如下。

① 映射：MAC 层负责将从逻辑信道接收到的信息映射到传输信道。

② 复用：MAC 层的信息可能来自一个或多个无线承载，MAC 层能够将多个无线承载复用到同一个传输块（TB）以提高效率。

③ 解复用：MAC 层将来自 PHY 层、在传输信道承载的 TB 解复用为一条或者多条逻辑信道上的 MAC SDU。

④ HARQ：MAC 层利用 HARQ 技术为空中接口提供纠错服务。HARQ 的实现需要 MAC 层与 PHY 层的紧密配合。

⑤ 无线资源分配：MAC 层提供了基于服务质量的业务数据和用户信令的调度。

（5）PHY 层

PHY 层位于空中接口协议栈的最底层，主要完成传输信道到物理信道的映射及执行 MAC 层的调度，具体的功能包括循环冗余码（CRC）的添加、信道编码、调制、天线口映射等。

（6）RRC 层

NR 的 RRC 层提供的功能与 LTE 类似，RRC 是空中接口控制面的主要协议栈。UE 与 gNodeB 之间传送的 RRC 消息依赖于 PDCP、RLC、MAC 和 PHY 各层的服务。RRC 层处理 UE 与 NG-RAN 之间的所有信令，包括 UE 与核心网之间的信令，即由专用 RRC 层消息携带的 NAS 信令。携带 NAS 信令的 RRC 层消息不改变信令内容，只提供转发机制。

NR 支持 3 种 RRC 状态：RRC_IDLE 态、RRC_INACTIVE 态和 RRC_CONNECTED 态。也就是说，与 LTE 的 RRC 状态相比，NR 新增了 RRC_INACTIVE 态。NR 的 RRC_IDLE 态和 RRC_CONNECTED 态与 LTE 的相同状态的处理类似，这里不再介绍，下面重点介绍 NR 新增的 RRC_INACTIVE 态。

类似于 RRC_IDLE 态，处于 RRC_INACTIVE 态的 UE 基于参考信号的测量执行小区重选且不向网络提供测量报告。另外，当网络需要向 UE 发送数据（如下行数据到达）时，网络会寻呼 UE，UE 进行随机接入以连接网络。当 UE 需要发起上行业务时，它会向当前小区发起随机接入过程，以便同步并连接网络。RRC_INACTIVE 态与 RRC_IDLE 态的不同之处在于，处于 RRC_INACTIVE 态的 UE 和基站会保存之前的与 RRC_CONNECTED 态相关的配置（如 AS 上下文、安全相关配置和无线承载等），以便 UE 在随机接入过程后，能够恢复并使用原有的配置，降低接入时延。另外，基站会保持 5GC 和 NG-RAN 之间的连接（包括 NG-C 和 NG-U 连接），进一步缩短了恢复等待时间。

在 RRC_INACTIVE 态中，最后提供服务的无线电接入网（RAN）节点会保存 UE 上下文及与服务 AMF 和 UPF 相关联的 UE 特定的 NG 连接。当发生小区重选，且 UE 从 RRC_INACTIVE 态恢复为 RRC_CONNECTED 态时，UE 重新选择的新小区必须能够从旧小区中获取 UE 上下文，以重新恢复 RRC 连接。如果上下文获取失败，则网络可以指示 UE 执行类似于从 RRC_IDLE 态到 RRC_CONNECTED 态的 RRC 连接建立流程（即重新建立一个新的连接）。

4.2.2　5G时频域资源参数

5G 在空中接口的参数定义大多和 LTE 一致，包括时域资源和频域资源。其中，时域方面包括帧、时隙、上下行配比等，频域方面包括资源块（RB）、控制信道元素（CCE）、部分带宽（BWP）等。

1. Numerology

3GPP Rel-15 协议引入了灵活 Numerology，定义了不同参数集 μ 中子载波间隔的循环前缀（CP）长度。CP 包括 Normal CP 和 Extend CP 两种类型，其中，Extend CP 只有在子载波间隔为 60kHz 的时候可以支持，其余子载波间隔不支持。NR 支持 5 种 Numerology 配置，子载波间距的范围为 15～240kHz。不同子载波间隔的符号对应关系见表 4-2。

表4-2　不同子载波间隔的符号对应关系

μ	f（即 $15 \times 2^\mu$）/kHz	CP
0	15	Normal
1	30	Normal
2	60	Normal，Extend
3	120	Normal
4	240	Normal

根据协议的规定，灵活 Numerology 支持的子载波间隔有 15kHz、30kHz、60kHz、120kHz、240kHz，其中，240kHz 子载波间隔只用于下行同步信号的发送。不同频段支持的子载波间隔见表 4-3。

表4-3　不同频段支持的子载波间隔

频段	支持的子载波间隔
小于1GHz	15kHz、30kHz
1～6GHz	15kHz、30kHz、60kHz
24～52.6GHz	60kHz、120kHz

μ 的选择取决于各种因素，包括部署类型（室内／室外、宏基站／小基站等）、载波频率、业务需求（时延、可靠性和吞吐量等）、硬件损伤（振荡器相位噪声）、移动性和实现的复杂性等。例如，较宽的子载波间隔可用于时延关键型服务（如 URLLC）、覆盖区域较小和载波频率较高的场景；较窄的子载波间隔可用于载波频率较低、覆盖区域较大、使用窄带设备和提供演进型多媒体广播／多播服务的场景。

2. 帧结构

每个系统帧由 10 个子帧组成，每个子帧长为 1ms。每个系统帧会被分成两个大小相等的半帧，每个半帧包含 5 个子帧。其中，半帧 0 包含子帧 0～4，半帧 1 包含子帧 5～9。在 NR 中，系统帧的编号为 0～1023，一个系统帧内的子帧编号为 0～9。

无线帧和子帧的长度固定，从而可以更好地保持 LTE 与 NR 共存。不同的是，5G NR 定义了灵活的子载波架构，时隙和字符长度可根据子载波间隔灵活定义。

对于正常的循环前缀，一个时隙包含 14 个 OFDM 符号；对于扩展的循环前缀，一个时隙包含 12 个 OFDM 符号。由于 OFDM 符号的长度与其子载波间隔成反比，子载波间隔越大，一个 OFDM 符号的长度越短。相应地，时隙的长度也会随着选择的 Numerology 的不同而变化，这意味着每个子帧包含的时隙数会随着 Numerology 的不同而变化。不同的子载波间隔对应的时隙配置见表 4-4。

表4-4　不同的子载波间隔对应的时隙配置

子载波间隔 /kHz	时隙配置（Normal CP）		
	符号数／时隙	时隙数／子帧	时隙数／帧
15	14	1	10
30	14	2	20
60	14	4	40
120	14	8	80
240	14	16	160

3. 时隙格式

在 NR 中，一个时隙内的 OFDM 符号分为 3 类：下行符号（仅用于下行传输，用 "D"

表示）、上行符号（仅用于上行传输，用"U"表示）和灵活符号（既可用于下行传输，又可用于上行传输，但不能同时用于上下行传输，用"X"表示）。

时隙格式取决于一个时隙内上行符号、下行符号和灵活符号的数量。一个时隙既可以仅用于下行传输（该时隙内所有的 OFDM 符号均为下行符号），也可以仅用于上行传输（该时隙内所有的 OFDM 符号均为上行符号），或者至少包含一个下行部分和一个上行部分（混合时隙）。

不同的时隙格式类似于 LTE 中不同的时分双工（TDD）上下行子帧配比。不同之处在于，NR 时隙格式中的上下行分配是 OFDM 符号级别的，而 LTE TDD 中的上下行分配是子帧级别的。与 LTE TDD 上下行子帧配比相比，NR 时隙格式的种类更多，更加灵活。

NR 支持多种时隙格式，基站可以通过以下格式对 UE 进行配置。与 LTE 相比，NR 增加了 UE 级配置，灵活性高，资源利用率高。多级嵌套配置示意如图 4-8 所示，NR 灵活性可以通过不同级别的配置实现。

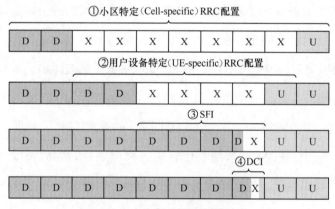

图4-8　多级嵌套配置示意

① 第一级配置：通过系统消息进行半静态配置。

② 第二级配置：通过用户级 RRC 消息进行配置。

③ 第三级配置：通过 UE-group 的下行控制信息（DCI）中的时隙指示格式（SFI）进行配置（符号级配比）。

④ 第四级配置：通过 UE-specific 的 DCI 进行配置（符号级配比）。

使用多种时隙格式的主要目的是使 NR 调度更加灵活，尤其是进行 TDD 操作时。通过应用一个时隙格式，或对多个时隙格式进行聚合，可支持多种不同的调度类型。下面仅介绍第一级配置。

第一级配置为 Cell-specific RRC 配置，是信令半静态配置。小区级半静态配置支持有限的配比周期选项，通过 RRC 信令实现上下行资源的灵活静态配置。

5G 时隙格式还为 SIB1 等关键系统信息的传输提供资源载体。作为 UE 接入网络的必要信息，SIB1 的传输周期、时隙位置及资源分配均受时隙格式约束，其主要携带以下核心配置参数。

① UL-DL-configuration-common:{X, x1, x2, y1, y2}

② UL-DL-configuration-common-Set2:{Y, x3, x4, y3, y4}

其中，X 和 Y 为配比周期，取值为 {0.5, 0.625, 1, 1.25, 2, 2.5, 5, 10}ms。0.625ms 仅用于 120kHz 子载波间隔，1.25ms 用于 60kHz 以上子载波间隔，2.5ms 用于 30kHz 以上子载波间隔。小区半静态配置支持单周期和双周期配置。单周期配置示意如图 4-9 所示。

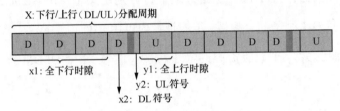

图4-9 单周期配置示意

双周期配置示意如图 4-10 所示。

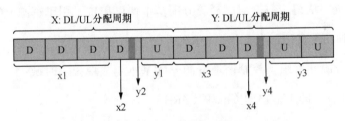

图4-10 双周期配置示意

x1/x3：全下行时隙数目，取值为 {0，1，……，配比周期内时隙数 }。

y1/y3：全上行时隙数目，取值为 {0，1，……，配比周期内时隙数 }。

x2/x4：全下行时隙后面的下行符号数，取值为 {0，1，……，13}。

y2/y4：全上行时隙前面的上行符号数，取值为 {0，1，……，13}。

这种 Cell-specific 半静态时隙格式在 ServingCellConfig（NSA）和 SIB1（SA）中配置。TDD 上下行时隙配置如图 4-11 所示，ServingCellConfig（NSA）和 SIB1（SA）中包含了 TDD-UL-DL-ConfigCommon 配置信息。

```
TDD-UL-DL-ConfigCommon ::=          SEQUENCE {
    referenceSubcarrierSpacing      SubcarrierSpacing,
    pattern1                        TDD-UL-DL-Pattern,
    pattern2                        TDD-UL-DL-Pattern

    ...
}

TDD-UL-DL-Pattern ::=               SEQUENCE {
    dl-UL-TransmissionPeriodicity   ENUMERATED {ms0p5, ms0p625, ms1, ms1p25, ms2, ms2p5, ms5, ms10},
    nrofDownlinkSlots               INTEGER (0..maxNrofSlots),
    nrofDownlinkSymbols             INTEGER (0..maxNrofSymbols-1),
    nrofUplinkSlots                 INTEGER (0..maxNrofSlots),
    nrofUplinkSymbols               INTEGER (0..maxNrofSymbols-1),
    ...,
    [[
    dl-UL-TransmissionPeriodicity-v1530    ENUMERATED {ms3, ms4}
    ]]
}
```

图4-11　TDD上下行时隙配置

4.频域资源

NR 的频域资源包括 RG、RE、RB、RBG、REG、CCE 等。

① RG：资源网格，PHY 层资源组，上下行分别定义（每个 Numerology 都有对应的 RG 定义）。时域：1 个子帧。频域：传输带宽内可用 RB。

② RE：资源元素，PHY 层资源的最小粒度。时域：1 个 OFDM 符号。频域：1 个子载波。

③ RB：资源块，数据信道资源分配基本调度单位，用于资源分配 type1。频域：12 个连续子载波。

④ RBG：资源块组，数据信道资源分配基本调度单位，用于资源分配 type0，可降低控制信道开销。频域：{2, 4, 8, 16} 个 RB。

⑤ REG：资源元素组，控制信道资源分配基本组成单位。时域：1 个 OFDM 符号。频域：12 个子载波，即 1 个物理资源块（PRB）。

⑥ CCE：控制通道元素，控制信道资源分配基本调度单位。频域：1CCE=6REG=6PRB。CCE 聚合等级：1、2、4、8、16。

下面介绍几个与频域相关的概念。

① Global Raster 是全局的频点栅格，用于计算 NR 小区的中心频点。5G 频点号（NR-ARFCN）计算公式如下。

$$F_{\text{REF}} = F_{\text{REF-Offs}} + \Delta F_{\text{Global}} \left(N_{\text{REF}} - N_{\text{REF-Offs}} \right)$$

其中，F_{REF} 为参考频率，$F_{\text{REF-Offs}}$ 为参考频率偏移值，ΔF_{Global} 为每个频点栅格的间隔，N_{REF} 为参考索引，$N_{\text{REF-Offs}}$ 为参考频率偏移索引。在 5G 中，频点栅格的间隔不是固定值，

而是和具体的频段相关。NR-ARFCN 参数见表 4-5。

表4-5　NR-ARFCN参数

频率范围 /MHz	ΔF_{Global}/kHz	$F_{REF-Offs}$/MHz	$N_{REF-Offs}$	N_{REF} 范围
0 ～ 2999	5	0	0	0 ～ 599999
3000 ～ 24250	15	3000	600000	600000 ～ 2016666
24251 ～ 100000	60	24250.08	2016667	2016667 ～ 3279165

② Channel Raster 用于指示空口信道的频域位置，进行资源映射（RE 和 RB 的映射），即小区实际的频点位置必须满足 Channel Raster 的映射。Channel Raster 的大小为 1 个或多个 Global Raster，与具体的频段相关。

③ Synchronization Raster 是同步栅格，其目的在于加快终端扫描 SSB 所在频率位置的速度。UE 在开机时需要搜索 SS/PBCH block，在不知道频点的情况下，需要按照一定的步长盲检其支持频段内的所有频点。由于 NR 小区带宽非常大，如果按照 Channel Raster 盲检，会导致 UE 接入速度非常慢，为此，UE 专门定义了 Synchronization Raster，其搜索步长与频率有关。例如，Sub3G 频段的搜索步长是 1.2MHz，波段的搜索步长是 1.44MHz，毫米波的搜索步长是 17.28MHz。以 n41 频段为例，100MHz 带宽的载波，子载波间隔为 30kHz，有 273 个 RB。如果按照 1.2MHz 扫描，那么 1200/30=40 个子载波间隔，扫描整个载波需要 273 × 12/40 ≈ 82 次；如果按照 15kHz 的信道栅格，则需要扫描 6552 次才能完成。采用 Synchronization Raster 显然非常有利于加快 UE 同步的速度。

④ 全球同步信道号（GSCN）用于标记 SSB，在实际下发的测量配置消息中，基站会将 GSCN 转换成标准的频点号。每一个 GSCN 对应一个 SSB 的频域位置（SSB 的 RB10 的第 0 个子载波的起始频率），GSCN 按照频域增序进行编号。

5. BWP

BWP 是 NR 标准提出的新概念。它是网络侧给 UE 分配的一段连续的带宽资源，可实现网络侧和 UE 侧灵活传输带宽配置。每个 BWP 对应一个特定的 Numerology，是 5G UE 接入 NR 网络的必备配置。

BWP 是 UE 级的概念，不同 UE 可配置不同 BWP，UE 不需要知道基站侧的传输带宽，只需要支持配置给 UE 的 BWP 信息。

BWP 主要有以下 3 类应用场景。

① 场景 1：应用于小带宽 UE 接入大带宽网络。

②场景 2：UE 在大小 BWP 之间进行切换，达到省电的效果。

③场景 3：不同 BWP 配置不同的 Numerology，承载不同的业务。

BWP 主要分为以下 4 种类型。

①初始（Initial）BWP：UE 在初始接入阶段使用的 BWP。

②专用（Dedicated）BWP：UE 在 RRC 连接态配置的 BWP。协议规定，1 个 UE 最多可以通过 RRC 信令配置 4 个 Dedicated BWP。

③激活（Active）BWP：UE 在 RRC 连接态某一时刻激活的 BWP，是 Dedicated BWP 中的 1 个。协议规定，UE 在 RRC 连接态某一时刻只能激活 1 个配置的 Dedicated BWP 作为其当前时刻的 Active BWP。UE 只在 Active 的下行 BWP 中接收 PDCCH、PDSCH、CSI-RS，在工作的上行 BWP 中发送 SRS、PUCCH、PUSCH。

④默认（Default）BWP：UE 在 RRC 连接态时，当其 BWP 不活动定时器超时后，UE 所工作的 BWP（也是 Dedicated BWP 中的 1 个），通过 RRC 信令指示 UE 的哪一个 Dedicated BWP 为 Default BWP。

4.2.3 5G信道结构

5G 信道包括逻辑信道、传输信道、物理信道。其中，逻辑信道存在于 MAC 层和 RLC 层之间，根据传输数据的类型定义每个逻辑信道的类型；传输信道存在于 MAC 层和 PHY 层之间，根据传输数据的类型和空中接口上的数据传输方法进行定义；而 PHY 层负责编码、调制、多天线处理和从信号到合适物理时频资源的映射，基于映射关系，高层的一个传输信道可以服务 PHY 层的一个或几个物理信道。

1. 逻辑信道

逻辑信道分为控制信道和业务信道。控制信道承载控制数据，例如 RRC 信令；业务信道承载用户面数据。

控制信道包括以下 4 种。

①广播控制信道（BCCH）：指 gNodeB 用来发送系统消息（SI）的下行信道。

②寻呼控制信道（PCCH）：指 gNodeB 用来发送寻呼信息的下行信道。

③公共控制信道（CCCH）：指 gNodeB 用来建立 RRC 连接的双向信道。RRC 连接也被称为信令无线承载（SRB）。SRB 包括 SRB0、SRB1 和 SRB2，其中，SRB0 映射到 CCCH。

④ 专用控制信道（DCCH）：提供双向信令通道。从逻辑上讲，通常有两条激活的 DCCH，分别是 SRB1 和 SRB2。

• SRB1 适用于承载 RRC 消息，包括携带高优先级 NAS 信令的 RRC 消息。

• SRB2 适用于承载低优先级 NAS 信令的 RRC 消息。低优先级的信令在 SRB2 建立前先通过 SRB1 发送。

业务信道是 DTCH，承载专用 DRB 信息，即 IP 数据包。DTCH 为双向信道，工作模式为 RLC AM 或 RLC UM。

2. 传输信道

传统的传输信道分为公共信道和专用信道。为了提高效率，LTE 的传输信道删除了专用信道，由公共信道和共享信道组成。其中，公共信道分为广播信道、寻呼信道和随机接入信道，共享信道分为下行共享信道和上行共享信道。

① 广播信道（BCH）：固定格式的信道，每帧一个 BCH。BCH 用于承载系统消息中的 MIB。但需要注意的是，大部分系统消息都由下行共享信道（DL-SCH）来承载。

② 寻呼信道（PCH）：用于承载 PCCH，即寻呼消息。寻呼信道使用不连续接收（DRX）技术延长手机电池待机时间。

③ 随机接入信道（RACH）：承载的信息有限，需要和物理信道及前导信息共同完成冲突解决流程。

④ 下行共享信道（DL-SCH）：承载下行数据和信令的主要信道，支持动态调度和动态链路自适应调整。同时，该信道利用 HARQ 技术来提高系统性能。如前文所述，DL-SCH 除了承载业务，还承载大部分系统消息。

⑤ 上行共享信道（UL-SCH）：与下行共享信道类似，都支持动态调度和动态链路自适应调整。动态调度由 eNodeB 控制，动态链路自适应调整通过改变调制编码方案来实现。同时，该信道也利用 HARQ 技术来提高系统性能。

3. 物理信道

物理信道是无线通信系统中用于传输信息的基本媒介，位于协议栈的最底层，即物理层，利用时间、频率、空间等资源来实现信息的有效传输。5G 下行物理信道包括以下 3 种。

① 物理广播信道（PBCH）：用于承载 BCH 信息。

② 物理下行控制信道（PDCCH）：用于承载资源分配信息。

③ 物理下行共享信道（PDSCH）：用于承载 DL-SCH 信息。

5G 上行物理信道包括以下 3 种。

① 物理随机接入信道（PRACH）：用于承载随机接入前导信息。

② 物理上行控制信道（PUCCH）：用于承载上行控制和反馈信息，也可以承载发送给 gNodeB 的调度请求。

③ 物理上行共享信道（PUSCH）：主要的上行信道，用于承载 UL-SCH，也可以承载信令、用户数据和上行控制信息。

4. 信道映射

各种承载的复用有不同的方案，即逻辑信道可以映射到一个或多个传输信道，传输信道再映射到物理信道。下行信道映射如图 4-12 所示。

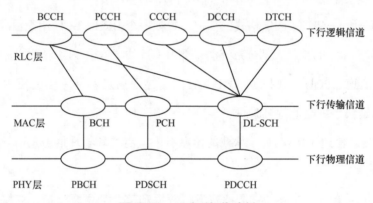

图4-12 下行信道映射

上行信道映射如图 4-13 所示。

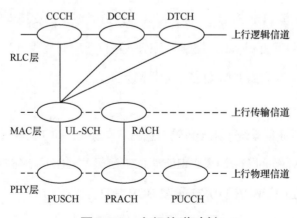

图4-13 上行信道映射

4.2.4　5G下行物理信道和物理信号

5G 下行物理信道包括 PBCH、PDCCH、PDSCH，物理信号包括主同步信号（PSS）、辅同步信号（SSS）、相位跟踪参考信号（PT-RS）、信道状态信息参考信号（CSI-RS）。

1. SSB

在 NR 中，PSS/SSS 和 PBCH 组合在一起，使用同步信号（SS）/PBCH Block 表示，简称 SSB。SSB 在时域上占用连续的 4 个 OFDM 符号，在频域上占用连续的 240 个子载波（20 个 RB）。SSB 的结构如图 4-14 所示。

PSS 和 SSS 占用 4 个 OFDM 符号中的符号 0 和符号 2，并且只占用 240 个子载波中的中间连续的 127 个 RE，PBCH 占用符号 1 和符号 3 共 240 个 RE，以及符号 2 中的 0 ～ 47 和 192 ～ 239RE。PSS 和 SSS 序列长度为 127，在频域上占用 127 个 RE，在时域上各占用一个符号；UE 通过 PSS/SSS 序列可以获取 Cell ID，NR 中的 Cell ID，共分为 3 组，每组 336 个。PSS 和 SSS 用于 UE 进行下行同步，包括时钟同步、帧同步和符号同步，也可以获取 Cell ID。5G 中的 Cell ID 总共有 1008 个，是 LTE 中的 2 倍，取值为 0 ～ 1007。

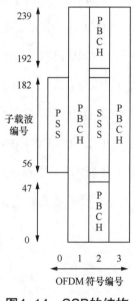

图4-14　SSB的结构

PBCH 用于获取用户接入网络中的必要信息，例如系统帧号（SFN）、初始 BWP 的位置和大小等信息。PBCH 占用 SSB 中的符号 1 和符号 3，以及符号 2 中的部分 RE。PBCH 的每个 RB 包含 3 个 RE 的解调参考信号（DMRS）导频，为避免小区间 PBCH DMRS 干扰，3GPP 定义了 PBCH 的 DMRS 在频域上根据 Cell ID 隔开，即 DMRS 在 PBCH 的位置为 {0+v，4+v，8+v，……}，v 为 PCI mod 4 的值。每个 SSB 都能够独立解码，并且 UE 解析出来一个 SSB 后，可以获取 Cell ID、SFN、SSB Index（类似于波束 ID）等信息；Sub3G 最多可定义 4 个 SSB（TDD 系统的 2.4 ～ 6GHz 可以配置 8 个 SSB）；Sub3G ～ Sub6G 最多可定义 8 个 SSB；Above 6G 最多可定义 64 个 SSB。

每个 SSB 都有唯一的编号（SSB Index），对于低频，该编号信息直接从 PBCH 导频信号中获取；对于高频，低于 3 比特时该编号信息从 PBCH 导频信号中获取，高于 3 比特时该编号信息从 MIB 中获取；网络可以通过 SIB1 配置 SSB 的广播周期，周期支持 5ms、10ms、20ms、40ms、80ms 和 160ms。

2. PDCCH

PDCCH 用于传输来自 L1/L2 的下行控制信息，主要内容有以下 3 种类型。

① 下行调度信息，以便 UE 接收 PDSCH 信息。

② 上行调度信息，以便 UE 发送 PUSCH 信息。

③ SFI、优先指示符和功率控制命令等信息，辅助 UE 接收和发送数据。

PDCCH 传输的信息为 DCI，不同内容的 DCI 采用不同的无线网络临时标识（RNTI）来进行 CRC 加扰。UE 通过盲检来解调 PDCCH。一个小区可以在上行和下行同时调度多个 UE，即一个小区可以在每个时隙发送多个调度信息。每个调度信息在独立的 PDCCH 上传输，也就是说，一个小区可以在一个时隙上同时发送多个 PDCCH。小区 PDCCH 在时域上占用 1 个时隙的前几个符号，最多占用 3 个符号。PDCCH 示意如图 4-15 所示，其中，每个方格表示一个 RE，"☒" 代表 PDCCH DMRS 信号（固定占用 1 号、5 号、9 号子载波），▨代表 PDCCH。

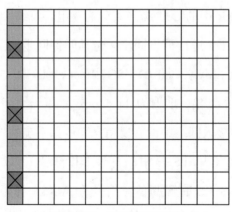

图4-15　PDCCH示意

CCE 是 PDCCH 传输的最小资源单位，一个 CCE 由 6 个 REG 组成，1 个 REG 的时域宽度为 1 个符号、频域宽度为 1 个 PRB。控制信道就是由 CCE 聚合而成的。聚合等级表示一个 PDCCH 占用的连续的 CCE 个数，Rel-15 支持的 CCE 聚合等级为 {1, 2, 4, 8, 16}，其中，16 为 NR 新增的 CCE 聚合等级。当 CCE 聚合等级为 1 时，即包含的 CCE 数量为 1，以此类推，PDCCH 聚合等级包含的 CCE 数量见表 4-6。基站根据信道质量等因素来确定某个 PDCCH 的聚合等级。

表4-6 PDCCH聚合等级包含的CCE数量

PDCCH 聚合等级	CCE 数量 / 个
1	1
2	2
4	4
8	8
16	16

LTE 中的 PDCCH 资源相对固定，频域为整个带宽，时域为 1 ～ 3 个符号，而 5G 中的 PDCCH 时域和频域的资源都是灵活的，因此，NR 引入了 CORESET 的概念来定义 PDCCH 的资源。CORESET 主要指示 PDCCH 占用符号数、RB 数、时隙周期和偏置等。在频域上，CORESET 包含若干个 PRB，最小为 6 个 PRB；在时域上，CORESET 包含的符号数为 1 ～ 3。每个小区可以配置多个 CORESET(0 ～ 11)，CORESET 必须包含在对应的 BWP 中。一个 CORESET 可以包含多个 CCE，1 个 CCE 包含 6 个 REG，一个 REG 对应频域中的一个 RB、时域中的一个符号。

3. PDSCH

PDSCH 用于承载多种传输信道，例如 PCH 和 DL-SCH。PDSCH PHY 层处理过程如图 4-16 所示，具体包括以下 5 个重要的步骤。

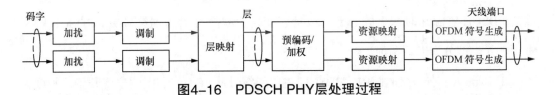

图4-16 PDSCH PHY层处理过程

① 加扰：扰码 ID 由高层参数进行用户级配置；不配置时，默认值为 Cell ID。

② 调制：调制编码方式表格由高层参数 mcs-Table 进行用户级配置，指示最高阶为 64QAM 或 256QAM。

③ 层映射：将码字映射到多个层上传输，单码字映射 1 ～ 4 层，双码字映射 5 ～ 8 层。

④ 预编码 / 加权：将多层数据映射到各发送天线上。加权方式包括基于 SRS 互易性的动态权、基于反馈的 PMI 权值或开环静态权。传输模式只有一种，加权对终端透明，即 DMRS 和数据经过相同的加权。

⑤ 资源映射：时域资源分配由 DCI 中的 Time domain resource assignment 字段指示起始符号和连续符号数；频域资源分配支持 Type 0 和 Type 1，由 DCI 中的 Frequency domain resource assignment 字段指示。

PDSCH 采用 OFDM 符号调制方式，起始符号和结束符号都由 DCI 指示。调制方式包括 QPSK、16QAM、64QAM、256QAM，支持 LDPC 编解码。PDSCH 在时隙结构中的位置如图 4-17 所示。其中，▦表示未被使用的资源，▨表示被分配给 PDSCH 的资源，◫表示与 PDSCH 关联的 DCI，▩表示特定调制编码方案的资源分配。

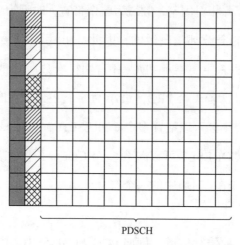

PDSCH

图4-17　PDSCH在时隙结构中的位置

与 LTE 相比，NR 中 PDSCH 最大的变化是引入了时域资源映射的概念，即一次调度的 PDSCH 资源在时域上的分配可以动态变化，粒度可以达到符号级。PDSCH 时域资源映射类型分为以下两种。

① Type A：在一个时隙内，PDSCH 占用的符号从 {0, 1, 2, 3} 的位置开始，长度为 3 ～ 14 个符号（不能超过时隙边界）。使用这种分配方式分配的时域符号数较多，适用于大带宽场景。典型应用场景为时隙内占用符号 0 ～ 2 位的 PDCCH、占用符号 3 ～ 13 位的 PDSCH，即占满整个时隙，因此，Type A 通常被称为基于时隙的调度。

② Type B：在一个时隙内，PDSCH 占用的符号从 {0, 1, ……, 12} 的位置开始，但长度限定为 {2, 4, 7} 个符号（不能超过时隙边界）。在这种分配方式中，PDSCH 的起始符号位置可以灵活配置，分配符号数量少，时延短，适用于低时延和高可靠场景，可实现 URLLC 应用。

PDSCH 时隙内的符号资源分配，由开始符号位置 "S" 和 PDSCH 分配的符号长度 "L" 决定。针对 Type A 和 Type B，S 值和 L 值的组合见表 4-7。

表4-7 S值和L值的组合

PDSCH 映射类型	正常循环前缀			扩展循环前缀		
	S	L	S+L	S	L	S+L
Type A	{0, 1, 2, 3}	{3, ……, 14}	{3, ……, 14}	{0, 1, 2, 3}	{3, ……, 12}	{3, ……, 12}
Type B	{0, ……, 12}	{2, 4, 7}	{2, ……, 14}	{0, ……, 10}	{2, 4, 6}	{2, ……, 12}

NR 的 PDSCH 频域资源支持基于位图（Bitmap）的分配和基于资源指示值（RIV）的分配，不再支持比较复杂的 LTE Type 1 分配方式。频域资源分配方式见表 4-8。

表4-8 频域资源分配方式

LTE 资源分配方式	NR 资源类型	分配方式
Type 0	Type 0	Bitmap
Type 1	N/A	Bitmap
Type 2	Type 1	RIV（S+L）

在 Type 0 方式中，RB 分配按照 RBG 位图指示。RBG 是一个连续虚拟资源块的集合，大小由 PDSCH-Config 参数中的 rbg-Size 配置和 BWP 共同决定，RBG 的大小见表 4-9。RBG 最小为 2 个，最大为 16 个。在 Type 0 中，可以将多个连续的 RB 捆绑到 RBG 中，并且仅在 RBG 的倍数位置分配 PDSCH/PUSCH；还可以在 DCI 中指定位图，指示携带 PDSCH 或 PUSCH 数据的 RBG 号。在 Type 0 中，RBG 不要求连续。

表4-9 RBG的大小

BWP 大小 /PRB	配置方式 1	配置方式 2
1 ～ 36	2	4
37 ～ 72	4	8
73 ～ 144	8	16
145 ～ 275	16	16

Type 1 使用了 RIV，即利用开始 RB 和连续 RB 长度指示资源，这与 LTE 类似。

两种频域资源分配方式的对比：与 Type 0 相比，Type 1 分配的频域资源比较精确，最小粒度能达到 RB 级，但是只能分配连续的 RB，不利于基于频域资源进行调度。

4. PT-RS

PT-RS 是 5G 新引入的参考信号，用于跟踪相位噪声的变化，主要用于高频段。

射频器件在各种噪声（随机性白噪声、闪烁噪声）等作用下引起系统输出信号相位发生随机变化，接收段 SINR 恶化，造成大量误码，直接限制了高阶调制方式的使用，严重影响了系统容量。其对于低频段（Sub 6G）的影响较小。而在高频段（Above 6G）下，由于参考时钟源的倍频次数大幅增加、器件工艺水平和功耗等不同，相位噪声相应大幅增加，影响尤为突出。引入 PT-RS 和相位估计补偿算法，增加了子载波间隔，减少了相位噪声带来的载波间干扰和符号间干扰，从而提高了本振器件质量，降低了相位噪声。

5. CSI-RS

在 LTE 中，由于存在 CRS(最多 4 个天线端口)，当空分复用层数不超过 4 层时，UE 对 CRS 进行测量并上报信道状态信息（CSI）即可。LTE Rel-10 引入了 CSI-RS 的概念，可以支持大于 4 层空分复用和大于 4 个的天线端口信道状态反馈。在 NR 中，由于没有 CRS，因此需要 CSI-RS 来对多天线端口信道（最多 32 个）状态进行反馈和时频域跟踪。与 CRS 相比，NR 中的 CSI-RS 开销更小，支持的天线端口数更多。CSI-RS 功能和分类见表 4-10。

表4-10　CSI-RS功能和分类

功能		CSI-RS 类别	描述
信道质量测量	CSI 获取	NZP-CSI-RS（Non-Zero Power CSI-RS）	用于信道状态信息测量，UE 上报的内容包括 CQI、PMI、秩指示（RI）、层指示（LI）
		CSI-I（CSI-RS Interference Measurement）	
	波束管理	NZP-CSI-RS	用于波束测量，UE 上报的内容包括 L1-RSRP、信道秩指示（CRI）
	RLM/RRM 测量	NZP-CSI-RS	用于无线链路检测和无线资源管理（切换）等，UE 上报的内容包括 L1-RSRP
时频偏跟踪		TRS（Tracking RS）	用于精细化时频偏跟踪

信道质量指示（CQI）的取值是 1 ~ 15。每个 CQI 对应一种调制方式和码率，支持 64QAM 和 256QAM，CQI 分别与调制方式和码率的对应关系不同，高层信令配置 CQI 对应 3 张表格，分别为 64QAM、256QAM 和 URLLC 的 CQI。

理论上，对于一个 MIMO 通信系统，如果 UE 对参考信号的测量反馈能够精确到每个端口，每层上的复制信号都反馈相位、幅度等信息，则对信道的描述最准确，最有利于基站的预编码。但是，系统无法承受如此大的用于信道反馈的负荷开销。因此，

LTE 和 NR 都引入了码本和预编码矩阵指示（PMI）的概念，用于信道预编码和 UE 反馈信道描述。码本是对空间进行有限数量的分割，码本中的每个元素对应一个预编码矩阵，UE 只需要反馈预编码矩阵的索引，即可表示相关信道描述。

4.2.5　5G上行物理信道和物理信号

5G 上行物理信道包括 PRACH、PUSCH、PUCCH，物理信号主要是探测参考信号（SRS）。

1. PRACH

随机接入过程适用于各种场景，如初始接入、切换和重建等。随机接入提供基于竞争和非竞争的接入。PRACH 传送的信号是 Zadoff-Chu（ZC）序列生成的随机接入前导。按照前导序列长度，分为长序列和短序列两类前导。每种格式的帧都包括一个循环前缀和一个 ZC 序列。不同的覆盖场景需要选取不同格式的 PRACH 帧。例如，不同长度的 CP 可以抵消因 UE 位置不同而引发的时延扩展效应，不同的保护间隔用于不同的往返时间（RTT）。长序列沿用 LTE 设计方案，共有 4 种前导格式，具体见表 4-11。

表4-11　长序列前导格式

格式	序列长度	子载波间隔 /kHz	时域总长 /ms	占用带宽 /MHz	最大小区半径 /km	典型场景
0	839	1.25	1.0	1.08	14.5	常规半径
1	839	1.25	3.0	1.08	100.1	超远覆盖
2	839	1.25	3.5	1.08	21.9	弱覆盖
3	839	5.0	1.0	4.32	14.5	超高速

短序列为 NR 新增格式，Rel-15 中共有 9 种格式，短序列前导格式见表 4-12。子载波间隔 Sub 6G 支持 {15, 30}kHz，Above 6G 支持 {60, 120}kHz。

表4-12　短序列前导格式

格式	序列长度	子载波间隔 /kHz	时域总长 /ms	占用带宽 /MHz	最大小区半径 /km	典型场景
A1	139	$15 \times 2^\mu$	$0.14/2^\mu$	$2.16 \times 2^\mu$	$0.937/2^\mu$	小型小区
A2	139	$15 \times 2^\mu$	$0.29/2^\mu$	$2.16 \times 2^\mu$	$2.109/2^\mu$	普通小区
A3	139	$15 \times 2^\mu$	$0.43/2^\mu$	$2.16 \times 2^\mu$	$3.515/2^\mu$	普通小区
B1	139	$15 \times 2^\mu$	$0.14/2^\mu$	$2.16 \times 2^\mu$	$0.585/2^\mu$	小型小区
B2	139	$15 \times 2^\mu$	$0.29/2^\mu$	$2.16 \times 2^\mu$	$1.054/2^\mu$	普通小区

续表

格式	序列长度	子载波间隔 /kHz	时域总长 /ms	占用带宽 /MHz	最大小区半径 /km	典型场景
B3	139	$15 \times 2^{\mu}$	$0.43/2^{\mu}$	$2.16 \times 2^{\mu}$	$1.757/2^{\mu}$	普通小区
B4	139	$15 \times 2^{\mu}$	$0.86/2^{\mu}$	$2.16 \times 2^{\mu}$	$3.867/2^{\mu}$	普通小区
C0	139	$15 \times 2^{\mu}$	$0.14/2^{\mu}$	$2.16 \times 2^{\mu}$	$5.351/2^{\mu}$	普通小区
C2	139	$15 \times 2^{\mu}$	$0.43/2^{\mu}$	$2.16 \times 2^{\mu}$	$9.297/2^{\mu}$	普通小区

注：表中 $\mu=0$、1、2、3。

2. PUSCH

PUSCH 是承载上层传输的主要物理信道。与 PDSCH 不同，PUSCH 可支持 2 种波形。

① CP-OFDM：多载波波形，支持多流 MIMO。CP-OFDM 对应的 PHY 层处理过程如图 4-18 所示。

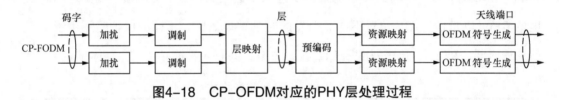

图4-18　CP-OFDM对应的PHY层处理过程

② DFT-s-OFDM：单载波波形，仅支持单流提升覆盖性能，DFT-s-OFDM 对应的 PHY 层处理过程如图 4-19 所示。

图4-19　DFT-s-OFDM对应的PHY层处理过程

与 PDSCH 类似，PUSCH 支持时域资源分配，使用起始和长度指示值（SLIV）表示 PUSCH 时域资源，起始符号为 S，分配的符号长度为 L。PUSCH 映射类型也支持 Type A 和 Type B，S 值和 L 值的组合见表 4-13。

表4-13　S值和L值的组合

PUSCH 映射类型	正常循环前缀			扩展循环前缀		
	S	L	S+L	S	L	S+L
Type A	0	{4, ……, 14}	{4, ……, 14}	0	{4, ……, 12}	{4, ……, 12}
Type B	{0, ……, 13}	{1, ……, 14}	{1, ……, 14}	{0, ……, 12}	{1, ……, 12}	{1, ……, 12}

与 PDSCH 类似，PUSCH 频域资源分配支持 Type 0 和 Type 1。与 PDSCH 不同的是，PUSCH 支持预配置的上行调度 ConfiguredGrantConfig，类似于 LTE 中的半静态调度。

3. PUCCH

PUCCH 承载上行控制信息（UCI）。与 LTE 类似，NR 中的 PUCCH 用来发送 UCI 以支持上下行数据传输。UCI 可以携带的信息包括以下 3 种。

① SR：调度请求，用于 UL-SCH 资源请求。

② HARQ ACK/NACK：用于 PDSCH 发送数据的 HARQ 确认。

③ CSI：信道状态信息反馈，包括 CQI、PMI、RI、LI。

与下行控制信息相比，UCI 携带的信息内容较少（只需要告诉基站不知道的信息）；DCI 只能在 PDCCH 中传输，UCI 可在 PUCCH 或 PUSCH 中传输。

NR 支持 5 种格式的 PUCCH，根据 PUCCH 占用时域符号长度的不同分为以下 2 种。

① 短 PUCCH：1 或 2 个符号，PUCCH format 0、PUCCH format 1。

② 长 PUCCH：4 ～ 14 个符号，PUCCH format 2、PUCCH format 3、PUCCH format 4。

与 LTE 相比，5G 的 PUCCH 增加了短 PUCCH（1 或 2 个符号），可用于短时延场景下的快速反馈。长 PUCCH 符号数进行了增加（4 ～ 14 个符号），支持不同时隙格式下的 PUCCH 传输。3GPP Rel-15 不支持同一用户 PUCCH 和 PUSCH 并发，例如 UCI 和上行链路数据同时出现，UCI 在 PUSCH 中传输。

PUCCH format 0 和 PUCCH format 1 只能传输 2 比特以下的数据，因此只能用于 SR 和 HARQ 反馈，支持 SR 和 HARQ 的循环位移复用。PUCCH format 2 ～ PUCCH format 4 所携带的比特数比较多，因此主要用于 CSI 的上报，包括 CQI、PMI、RI、CRI 等，但也可以用于 SR 和 HARQ 的上报。同一小区的多个 UE 可以共享同一个 RB 对来发送各自的 PUCCH，可采用循环移位或正交序列来实现。其中，PUCCH format 2 和 PUCCH format 3 不支持复用，其他格式支持时域或者频域的复用。

4. SRS

SRS 主要用于上行信道质量的估计，从而用于上行调度、定时提前（TA）、上行波束管理。在 TDD 上下行信道互易的情况下，SRS 利用信道对称性，估计下行信道质量，

例如下行 MIMO 中的权值计算。

SRS 资源组织结构分为两级，一级是 SRS 资源集，另一级是 SRS 资源；UE 可以配置一个或者多个 SRS 资源集，每个资源集中的 SRS 资源和 UE 能力有关，一个资源集可以包含 1 个或者多个 SRS 资源。SRS 资源配置通过 RRC 信令 SRS-Config 发给 UE，UE 收到 SRS 资源配置后，周期 SRS 资源会在对应的时频资源上发送 SRS，非周期 SRS 资源则需要由调度决定，通过 DCI 来指示发送 SRS。

项目小结

本项目首先介绍了 5G 无线空中接口协议栈各个层的相关功能，包括 RRC 层、SDAP 层、PDCP 层、RLC 层、MAC 层、PHY 层；其次对 5G 空中接口的基础参数 Numerology、帧结构、时隙格式、BWP 等概念进行了说明；最后重点讲解了 5G 的上下行物理信道和物理信号的功能及其在时频域上的位置，物理信道包括 PDSCH、PDCCH、PBCH、PUSCH、PUCCH、PRACH，物理信号包括 PSS、SSS、CSI-RS、PT-RS、SRS 等。

通过本项目的学习，读者可以对 5G 空中接口有一定的了解，理解空中接口的协议栈，掌握接口的帧结构和时隙配比，熟悉上下行各个物理信道的作用及其在时频域上的位置。

习 题

1. 对于 5G NR 来说，一个无线帧占用的时间是多少？

2. 5G 的 1 个 CCE 包含多少个 RE ？

3. NR 3GPP Rel-15 序列长度为 139 的 PRACH 格式一共有多少种？

4. 在 Above 6G 频段里，5G 的 SSB 最大波束数量是多少个？

5. 简述 5G 中 PSS 的作用。

项目五

优化移动通信网络

学习目标：

① 理解移动通信网络优化的目的、分类和手段

② 能够根据优化任务选择合适的网络优化工具和软件

③ 能够说明射频优化和系统优化的主要内容

④ 能够完成一般网络优化任务

任务1 认识移动通信网络优化

1. 移动通信网络优化的目的

移动通信网络优化是指对移动通信网络进行全面分析和诊断，通过对网络性能进行评估、调整，以扩大网络的覆盖范围、提高网络的稳定性和效率等，从而提高用户满意度。具体来说，网络优化可以达到以下目的。

① 扩大网络覆盖范围：网络优化可以扩大网络的覆盖范围，提升用户的使用体验。

② 提高网络稳定性：网络优化可以减少网络拥塞、掉话等，提高网络的稳定性和。

③ 提高网络效率：网络优化可以提高网络的容量和频率利用率，提高网络的效率。

④ 降低运营成本：网络优化可以减少基站数量和设备投入，从而降低运营成本。

⑤ 提高用户满意度：网络优化可以提高用户的使用体验和满意度，增强用户的忠诚度和业务竞争力。

2. 移动通信网络优化的分类

移动通信网络优化可以分为工程优化、日常优化和专项优化3类。

（1）工程优化

工程优化是指网络建设完成后对其进行初始优化，主要包括单站优化、簇优化。

① 单站优化：指在单个基站上进行优化。单站优化主要关注基站设备的硬件和软件状态，以及基站配置参数是否合理。单站优化包括对基站设备进行故障排查、参数调整、

信号测试等。单站优化可以扩大基站的信号覆盖范围，提高信号质量和数据传输速度等。

②簇优化：指在一定区域内的多个基站上进行优化。簇优化的目的是协调多个基站的信号覆盖范围，以及解决簇内出现的网络问题。簇优化包括路测（DT）、数据分析、基站参数调整等。簇优化可以提高区域的网络性能，改善用户体验。

（2）日常优化

日常优化是指在网络运行期间，通过采集和分析网络运行数据，对网络进行评估、调整，以保持网络性能和稳定性。日常优化包括全网指标优化、重点小区处理、拉网测试分析、投诉工单处理等。日常优化主要关注网络性能、用户感知和业务质量等。日常优化可以提高网络资源利用率，提升用户体验。

（3）专项优化

专项优化是专门对某一个指标或某一区域进行单独优化，例如高铁专项优化、室分专项优化、高速专项优化、替换后专项优化、2G/3G/4G互操作专项优化等。

3. 无线网络优化的常见方法

常见的无线网络优化方法包括DT、呼叫质量拨打拨打测试（CQT）、话务统计性能分析及测量报告（MR）分析等，具体如下。

（1）DT

DT是一种无线网络优化方法，通过在移动车辆上安装无线测试设备（如手机或专用的测试设备），对实际环境中的网络性能进行测试和分析。测试人员沿着预先规划的路线行驶，收集网络信号强度、信号质量、数据传输速率等指标数据，以评估网络覆盖情况和性能。通过DT可以发现网络中的弱覆盖区域、信号干扰等问题，为网络优化提供依据。

（2）CQT

CQT是一种评估网络呼叫质量的无线网络优化方法。测试人员在不同地点和不同时间段内使用普通手机进行呼叫操作，评估语音通话的质量、接通率、掉话率等指标。通过CQT可以了解网络在实际使用中的通话质量，发现网络中的语音质量问题，如通话断断续续、杂音等，为网络优化提供参考。

（3）话务统计性能分析

话务统计性能分析是一种评估网络运行情况的无线网络优化方法。通过收集和分析网络设备的运行数据，如话务量、掉话率、切换成功率等，了解网络的运行状况和性能指标。通过话务统计性能分析可以发现网络中的高话务区域、异常掉话等问题，为网络优化提供依据。

（4）MR分析

MR分析是一种基于网络设备测量报告的无线网络优化方法。网络设备（如基站设备）会定期或实时生成测量报告，记录网络状态和性能数据。通过分析这些数据，可以了解网络设备的运行状况、信号质量、干扰情况等。通过MR分析可以发现网络中的设备故障、信号干扰等问题，为网络优化提供参考。

4. 网络优化工具和软件

移动通信网络优化需要用到多种工具和软件，根据具体情况选择合适的工具和软件，常用的工具和软件包括以下几种。

① 测试终端（手机）：用于测试网络状况并收集网络数据，模拟用户体验。

② 北斗/GPS定位设备：可以提供精确的定位数据，用于分析网络覆盖情况和信号质量。

③ 测试软件：路测软件，用于测试和分析网络性能；数据处理和分析软件，用于处理和分析大量测试数据和网络性能数据；网络模拟软件，可以对网络进行模拟和分析，用于评估网络性能和优化效果等。

④ 便携式计算机：用于安装和运行网络优化软件和工具，进行数据处理和分析。

⑤ 扫频仪：检测和分析无线信号中的干扰。

5. 网络优化关键指标

网络优化关键指标要求见表5-1。

表5-1 网络优化关键指标要求

分类	指标名称	指标含义	指标要求
覆盖	无线覆盖率	同步信号接收信号强度指示（SS-RSRP）≥ –105dBm并且同步信号信噪比（SS-SINR）≥ –3dB	≥ 95%
接入	连接建立成功率	成功完成连接建立次数/终端发起分组数据连接建立请求总次数	≥ 95%
切换	切换成功率	切换成功次数/切换尝试次数	≥ 95%
保持	掉话率	掉线次数/成功完成连接建立次数	≤ 4%
速率	吞吐量	PDCP层平均吞吐量	下行 > 500Mbit/s，上行 > 80Mbit/s（SA），上行 > 50Mbit/s（NSA）

任务2 处理常见网络优化问题

移动通信网络优化过程通常会遇到 4 类问题：接入性问题、切换问题、保持性问题和数据传输性能问题。

5.2.1 接入性问题

1. SA 组网接入流程

终端接入 5G SA 网络可以分为小区搜索、随机接入和初始接入这 3 步。

① 小区搜索实现 UE 和基站之间的下行时频同步，并获取服务小区 PCI，其过程分为 PSS 搜索、SSS 搜索、PBCH 和读取 MIB 消息 4 步。

② 随机接入建立 UE 和基站之间的上行同步，分为基于竞争的随机接入和基于非竞争的随机接入两类。

③ 初始接入信令流程包括 RRC 建立、上下文建立、PDU 会话建立 3 步。RRC 建立用于无线承载控制、移动性管理、NAS 消息承载。SA 组网终端接入信令流程如图 5-1 所示。

具体信令流程如下。

① UE 向 gNB-DU 发送 RRC 建立请求消息。

② gNB-DU 向 gNB-CU 发送初始上行 RRC 消息传输消息，其中包括用于 UE 低层配置数据，以及 gNB-DU 分配的小区无线网络临时标识（C-RNTI）。

③ gNB-CU 向 gNB-DU 发送下行 RRC 消息传输消息，其中包含 gNB-CU 为 UE 分配的 gNB-CU UE F1AP ID，F1AP 提供 gNB-CU 与 gNB-DU 节点之间的信令服务。

④ gNB-DU 向 UE 发送 RRC 建立消息。

⑤ UE 将 RRC 建立完成消息发送到 gNB-DU。

⑥ gNB-DU 将 RRC 消息封装在上行 RRC 消息传输消息中并将其发送到 gNB-CU。

⑦ gNB-CU 将初始 UE 消息发送到 AMF。

⑧ AMF 将初始上下文设置请求消息发送到 gNB-CU。

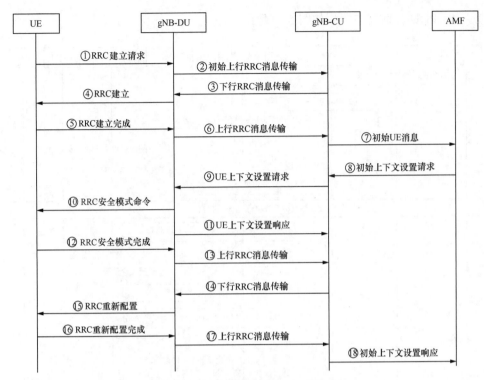

图5-1 SA组网终端接入信令流程

⑨ gNB-CU 发送 UE 上下文设置请求消息以在 gNB-DU 中建立 UE 上下文，该消息还可以封装 RRC 安全模式命令消息。

⑩ gNB-DU 向 UE 发送 RRC 安全模式命令消息。

⑪ gNB-DU 将 UE 上下文设置响应消息发送给 gNB-CU。

⑫ UE 以 RRC 安全模式完成消息进行响应。

⑬ gNB-DU 将 RRC 消息封装在上行 RRC 消息传输消息中，并将其发送到 gNB-CU。

⑭ gNB-CU 生成 RRC 重新配置消息，并将其封装在下行 RRC 消息传输消息中发送到 gNB-DU。

⑮ gNB-DU 向 UE 发送 RRC 重新配置消息。

⑯ UE 向 gNB-DU 发送 RRC 重新配置完成消息。

⑰ gNB-DU 将 RRC 消息封装在上行 RRC 消息传输消息中，并将其发送到 gNB-CU。

⑱ gNB-CU 向 AMF 发送初始上下文设置响应消息。

PDU 会话是 UE 与数据网络之间的数据连接。一个 PDU 会话包括若干 QoS 流。PDU 会话建立是指 gNB 按照 QoS 要求，为 QoS 流建立无线数据承载和 NG-U 传输隧道的过程。PDU 会话建立流程如图 5-2 所示。

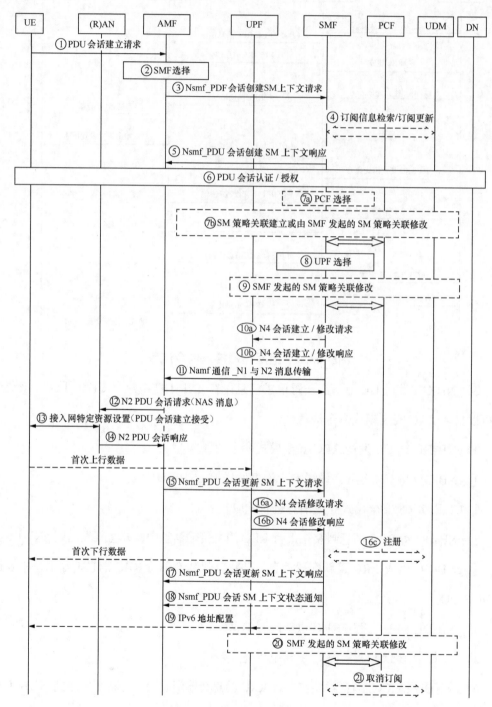

图5-2　PDU会话建立流程

2. NSA 接入流程

5G NSA 组网的关键技术之一是双连接，即 EN-DC。NSA 组网将 4G 基站作为主基站，5G 基站作为扩展增强的数据传输通道，从而提高数据传输率。LTE 基站 eNB 称为主节点（MN），NR 基站 gNB 称为辅节点（SN），LTE 小区称为主小区组（MCG），NR 小区称为辅小区组（SCG）。

添加 SCG 可以提供额外的无线资源，以增加网络容量，扩大覆盖范围。载波聚合技术可以将多个小区的无线资源联合在一起，从而提高网络的整体容量和覆盖效果，对满足用户高速率、大流量需求的场景非常有帮助。添加 SCG 一般要求 5G 信号质量高于一个门限值，确保用户设备能够稳定连接 5G 网络，并获得良好的网络性能。

NSA 组网接入流程分为 4G 初始接入、5G 辅站添加、5G 辅站变更、主站切换、辅站释放和 RRC 连接释放等，如图 5-3 所示所示。

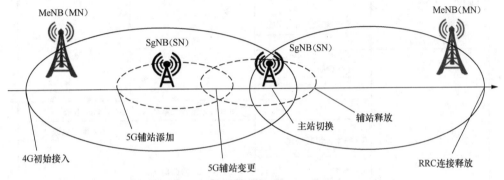

图5-3　NSA组网接入流程

① 4G 初始接入：与 LTE 相同，包括上下行同步、RRC 建立连接、鉴权加密等。

② 5G 辅站添加：4G 基站下发 NR 的测量控制，包括测量事件 B1 及相关门限、NR 侧的绝对频点号等。UE 启动测量，当发现满足条件的 NR 小区后，上报 NR 小区的 PCI 及 RSRP。MeNB 收到 B1 测量报告后，触发 5G 辅站添加流程，UE 建立与 NR 辅站的 RRC 连接，并进行随机接入。

③ 5G 辅站变更：在 UE 移动过程中，若需更换为另一个 SgNB 提供服务（例如，UE 移动到新 NR 小区或原 SgNB 性能不佳），主站（MN）发起 SgNB 修改流程。UE 接收到新的辅站配置信息后，与新的 NR gNB 建立或重新配置 RRC 连接，同时保持与主站的连接。

④ 主站切换：UE 移动到需要更换 MN 服务的区域时，会发生主站切换。此时，源 MN 与目标 MN 协商切换事宜，同时通知 SgNB。UE 收到切换命令后，断开与源 MN 的 RRC 连接，与目标 MN 建立新的 RRC 连接，并保持与 SgNB 的连接不变。

⑤ 辅站释放：当 UE 离开 NR 覆盖区域或网络策略决定解除 NR 服务时，MN 发起辅

161

站释放流程。UE收到辅站释放指令后,关闭与SgNB的RRC连接,释放NR侧的无线资源。

⑥ RRC连接释放:在UE关机、离开网络覆盖范围、长时间无数据传输或其他需要释放网络连接的情况下,UE或网络侧发起RRC连接释放流程。UE与MN断开连接,释放所有无线资源,进入空闲状态。其中5G辅站添加信令和路径转换流程如图5-4所示。

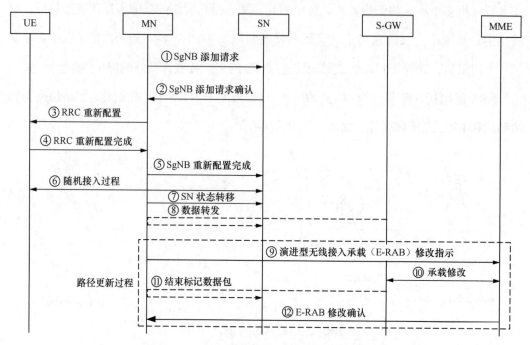

图5-4　5G辅站添加信令和路径转换流程

在NSA组网中,UE接入5G网络的成功率通过SCG添加成功率来体现。

4G侧的SCG添加成功率计算公式如下。

$$SCG添加成功率 = \frac{L.NsaDc.SgNB.Add.Succ(LTE侧成功添加SgNB的次数)}{L.NsaDc.SgNB.Add.Att(LTE侧尝试添加SgNB的总次数)} \times 100\%$$

5G侧的SCG添加成功率计算公式如下。

$$SCG添加成功率 = \frac{N.NsaDc.SgNB.Add.Succ(NR侧成功添加SgNB的次数)}{N.NsaDc.SgNB.Add.Att(NR侧尝试添加SgNB的总次数)} \times 100\%$$

3. 接入问题排查范围

(1)版本配套排查

排查NR、LTE、TUE(CPE)、后台网管、核心网的软件版本是否符合推荐版本要求。

(2)操作日志和告警故障

此为基站的操作,告警和故障日志可以在网管和一键式日志内获取,使用FMA可以直接打开。对于操作日志，主要排查是否存在影响接入的操作，主要判断问题时间点与操作时间点是否存在相关性；对于告警及故障，主要查看问题时间点，排查是否存在相关未恢复的告警，例如小区不可用、X2 接口故障等。

（3）参数核查

① NSA 双连接（DC）相关配置，包括 NR 外部小区、频点，邻区关系是否正确，DC 开关是否打开。

② X2 链路配置是否正确、X2 链路数量是否满足规格。

③ 同一 LTE 小区是否存在 NR 邻区 PCI 冲突、同一 NR 站点下是否存在 PCI 冲突。

④ NSA 终端识别开关、PDCP 参数组核查等。

（4）射频通道（发射功率 & 上行干扰）排查

上行干扰会影响 SRS 和 PUSCH 解调性能，严重影响吞吐率性能。正常情况下，底噪在 −116dBm 左右。以华为网管为例，干扰跟踪菜单位于 U2020 → Tracing Monitor → NR → Cell Performance Monitoring。

4. 接入问题定位思路

由于 SA 和 NSA 架构信令流程不同，故接入问题定位思路也不相同。SA 接入常见问题及其原因和排查建议见表 5-2，NSA 接入常见问题及其原因和排查建议见表 5-3。

表5-2　SA接入常见问题

问题类型	原因	排查建议
终端不发起 RRC 接入	① 小区禁止接入； ② 终端不支持当前小区频带及小区 SSB 频点配置； ③ 终端不满足小区驻留条件； ④ USIM 开户信息、PLMN 配置不正确	信令跟踪，确认终端是否发送 RRC 建立请求消息
随机接入失败	① 小区根序列索引配置不满足规划要求； ② 小区时隙配比和时隙结构配置不正确，与周边站点产生干扰； ③ 超过小区半径接入； ④ 存在弱覆盖或干扰问题	①、② 基础配置核查； ③ 通过后台查看小区半径； ④ 通过小区 RSRP、SINR 判断
RRC 建立失败	① RRC 拒绝：空中接口（Uu 口）收到 RRC 建立请求消息，下发 RRC 建立拒绝消息。 ② RRC 无回复：Uu 口收到 RRC 建立请求消息，下发 RRC 建立消息，等待 RRC 建立完成消息超时或下发 RRC 释放消息。 ③ RRC 丢弃：Uu 口收到 RRC 建立请求消息后，直接丢弃	① 是否 SRS/PUCCH 资源分配失败，是否基站其他异常流程导致； ② 是否干扰、弱覆盖等问题导致； ③ 核查基站是否启动流控导致丢弃

问题类型	原因	排查建议
上下文建立失败	① 无线资源不足导致上下文建立失败； ② UE 无响应导致上下文建立失败； ③ 传输原因导致上下文建立失败	① 检查基站空口资源情况； ② 检查空口覆盖、干扰等情况或者异常终端； ③ 排查传输链路情况：排查是否有传输类告警，话务统计排查拥塞、丢包、重传、特殊核心网传输参数配置，若收到交互失败响应消息，则怀疑对端设备或网络配置存在问题
PDU 会话建立失败	① 传输原因导致 QoS 流建立失败； ② UE 不回复重新配置完成消息导致 PDU Session 建立失败	① 排查 NG-U 链路及 Path 是否配置； ② 版本不配套导致 UE 解码出错； ③ 干扰和弱覆盖问题

表5-3　NSA接入常见问题及其原因和排查建议

问题类型	原因	排查建议
LTE 侧未下发 5G 测量消息	① LTE 侧 NSA 配置有误； ② UE 终端能力不支持； ③ 核心网基于特定策略实施限制，如对特定用户类型进行管控	① NSA 开关是否打开，NR 邻区、外部小区是否配置，PCC 频点是否配置，NR SCG 频点、SCC 频点、RN 频点是否正确配置； ② UE 是否不支持 EN-DC、LTE 和 NR 频段； ③ 查看上下文建立请求消息中是否包含限制特定用户类型的信息，比如是否为紧急呼叫用户
UE 未上报测量结果	① UE 测量结果不满足 B1 门限； ② NR 状态异常	① 5G 信号弱； ② 5G NR 小区不可用，存在外部干扰
未触发 SCG 添加信令	① X2 链路未建立； ② 基本数据配置问题	① 是否配置 X2 链路本端和对端 IP，是否可以 Ping 通； ② NR 邻区配置是否与 5G 小区数据一致，是否 PCI 冲突，4G 锚点小区与 5G 小区 PLMN 配置是否一致
SCG 添加失败	① SCG 添加拒绝； ② SCG 异常释放	① 是否支持 LTE、NR 链路频段，X2 用户面链路（eNB 之间的用户数据传输）和 S1 用户面链路（eNB 和 EPC 之间的用户数据传输）是否正常； ② 是否小区不可用导致定时器超时，UIM 卡是否开通 5G 服务

5.2.2　切换问题

我国 5G NR 组网有 SA 和 NSA 两种模式，其中 SA 采用 Option 2 网络架构，NSA 基本采用 Option3 x 网络架构。SA 组网的切换原理和 4G 一致，NSA 的切换由于引入了辅节点 SN，切换流程与 SA 相比区别较大。

1. SA 组网切换流程

SA 切换基础流程如图 5-5 所示，该流程分为切换准备、切换执行和切换完成 3 个阶段。

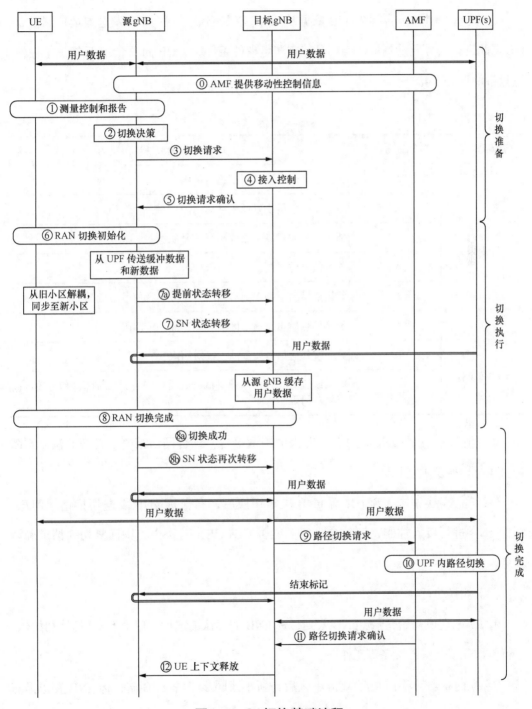

图5-5 SA切换基础流程

（1）切换准备

⓪ AMF 提供移动性控制信息：AMF 为源基站（gNB）提供移动性控制信息，为后续 UE 测量及切换操作奠定基础。

① 测量控制和报告：源 gNB 依据从 AMF 获取的信息，向 UE 发送测量控制指令，UE 据此进行信号质量测量。当满足特定测量事件条件时，UE 向源 gNB 反馈测量报告。测量事件见表 5-4。

表5-4　测量事件

事件分类	事件细分类型	事件含义
系统内事件	A1	服务小区信号质量高于绝对门限
	A2	服务小区信号质量低于绝对门限
	A3	邻区信号质量高于服务小区信号质量
	A4	邻区信号质量高于绝对门限
	A5	邻区信号质量高于绝对门限且服务小区信号质量低于绝对门限
	A6	邻区信号质量比辅小区信号质量高一定门限
系统间事件	B1	异系统邻区信号质量高于绝对门限
	B2	本系统服务小区信号质量低于绝对门限且异系统邻区信号质量高于绝对门限

② 切换决策：源 gNB 基于 UE 上报的测量报告，结合网络策略与自身算法，判断是否执行切换及确定目标小区。

③～⑤ 切换请求及确认：源 gNB 决定切换后，向目标 gNB 发送切换请求消息。目标 gNB 进行接入控制，评估自身资源能否接纳 UE，若可以，则回复切换请求确认消息。

（2）切换执行

⑥ RAN 切换初始化：源 gNB 收到目标 gNB 的确认消息后，启动 RAN 切换初始化，进行参数配置与资源准备等工作。

⑦a 提前状态转移：UE 脱离旧小区后与新小区同步，源 gNB 向目标 gNB 发送提前状态转移消息，辅助目标 gNB 完成接入处理。

⑦ SN 状态转移：源 gNB 向目标 gNB 传输 SN 状态转移消息，保障数据传输的连续性与准确性。

（3）切换完成

⑧a 切换成功：目标 gNB 向源 gNB 发送切换成功消息，表明切换成功。

⑧b SN 状态再次转移：源 gNB 收到切换成功消息后，继续传输 SN 状态转移消息，确保数据传输顺畅衔接。

⑨ 路径切换请求：目标 gNB 向 AMF 发送路径切换请求消息，通知 UPF 更新数据传输路径。

⑩ UPF 内路径切换：UPF（s）收到通知后执行路径切换操作。

⑪ 路径切换请求确认：AMF 收到 UPF 执行路径切换的反馈，向目标 gNB 发送 PATH 路径切换请求确认消息。

⑫ UE 上下文释放：目标 gNB 向源 gNB 发送 UE 上下文释放消息，源 gNB 释放与该 UE 相关的上下文资源，整个切换流程结束。

2. NSA 组网切换

NSA 组网切换主要包括 NR 站内切换（SgNB 站内切换）、NR 站间切换（SgNB 站间切换）、LTE 站内切换和 LTE 站间切换 4 类，切换类型示意如图 5-6 所示。

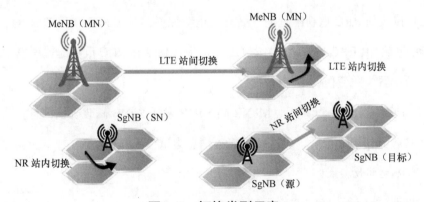

图5-6　切换类型示意

（1）NR 站内切换

NR 站内切换是指在 5G NSA 网络中，同一个辅基站下的小区之间的切换，主要涉及主辅小区的变更。

NR 站内切换信令流程如图 5-7 所示。

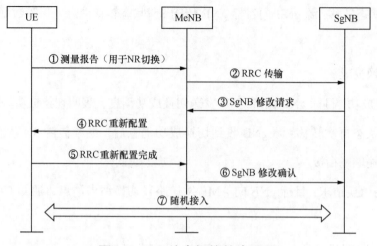

图5-7　NR站内切换信令流程

① UE 把测量报告发给 MeNB，Uu 口传输 RRC 测量报告消息，MeNB 收到测量报告后进行相关条件判断，如果决定切换，网络侧将准备相关切换资源。

② MeNB 将测量报告发给 SgNB，X2 接口传输 RRC 传输消息，SgNB 收到测量报告后进行相关条件判断，如果决定切换，网络侧将准备相关切换资源。

③ SgNB 准备切换相关资源发给 MeNB，X2 接口传输 SgNB 修改请求消息。

④ MeNB 下发切换命令给 UE，Uu 口传输 RRC 重新配置消息，包括 NR RRC 配置消息（NR 切换命令）。

⑤ UE 接收到 RRC 重新配置消息后完成重新配置，并向 MeNB 反馈 RRC 重新配置完成消息，包括 NR RRC 响应消息。若 UE 未能完成包括在 RRC 重新配置消息中的配置，则启动重新配置失败流程。

⑥ UE 成功完成重新配置后，MeNB 向 SgNB 发送 SgNB 修改确认消息。

⑦ UE 收到切换命令后，发送随机接入消息尝试接入目标小区。

（2）NR 站间切换

NR 站间切换流程如图 5-8 所示。

① UE 测量周围基站的信号强度等信息后，向 MeNB 发送测量报告。

② MeNB 将测量报告通过 RRC 传输给 SgNB，SgNB 依据测量报告中的 RSRP 等信息选择 TgNB。

③ SgNB 通过向 MeNB 发送 SgNB 变更请求消息触发 SgNB 变更流程，消息中包括

TgNB ID 信息和测量结果等。

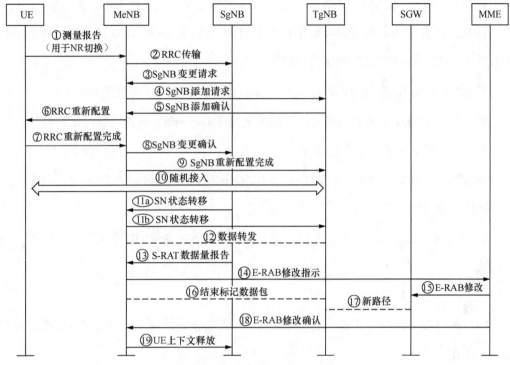

图5-8 NR站间切换流程

④ MeNB 通过向 TgNB 发送 SgNB 添加请求消息，请求 TgNB 为 UE 分配资源。

⑤ TgNB 向 MeNB 发送 SgNB 添加确认消息进行响应，在响应消息中携带与承载及接入相关的 RRC 配置信息。

⑥ MeNB 向 UE 发送包含 NR RRC 配置消息的 RRC 重新配置消息。

⑦ UE 接收到 RRC 重新配置消息后进行重新配置，完成后向 MeNB 反馈 RRC 重新配置完成消息。若 UE 未能完成相应配置，则启动重新配置失败流程。

⑧ 若 TgNB 成功为 UE 分配资源，则 MeNB 向 SgNB 发送 SgNB 变更确认消息，确认 SgNB 可进行资源释放，以此回应第③步的请求消息。

⑨ 若 RRC 重新配置流程完成，则 MeNB 向 TgNB 发送 SgNB 重新配置完成消息。

⑩ 若为 UE 配置的承载需要 SCG 无线资源，UE 将执行与 TgNB 的 PSCell 同步，并向 TgNB 发起随机接入流程。

⑪a、⑪b 在承载类型变更场景中，为减少服务中断，MeNB 和 SgNB 需进行数据转发准备，其中，SN 状态转移消息同步 PDCP 层的状态信息，确保数据连续性。

⑫ SgNB 通过 MeNB 向 TgNB 转发 UE 的数据包，以保证切换过程中数据不丢失。

⑬（可选流程）SgNB 向 MeNB 发送 S-RAT 数据量报告，上报 NR 流量信息。

⑭ MeNB 通过 E-RAB 修改指示消息告知 MME 将 E-RAB 的 S1-U 接口切换到 TgNB，从而更新 TgNB 和 EPC 之间的用户面路径。

⑮ MME 对 E-RAB 进行修改，将数据传输路径从 SgNB 切换到 TgNB。

⑯ 在切换过程中，所有待转发的数据发送完毕后，SgNB 发送结束标记数据包。

⑰ TgNB 建立新的数据传输路径。

⑱ MME 在完成 E-RAB 的修改后，向 MeNB 发送 E-RAB 修改确认消息，确认新的数据传输路径已建立。

⑲ MeNB 向 SgNB 发送 UE 上下文释放消息，SgNB 释放 UE 相关上下文资源，完成切换。

（3）LTE 站内切换

LTE 站内切换会携带辅站一起进行切换，不需要将辅站释放。LTE 站内切换流程如图 5-9 所示。

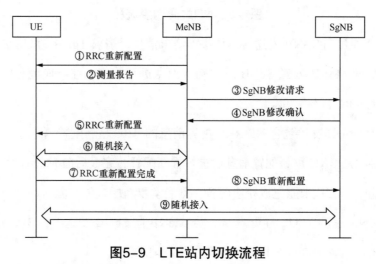

图5-9 LTE站内切换流程

① MeNB 配置 LTE 小区的测量参数，包括测量事件（如 A3 事件）和测量小区列表，并通过 RRC 重新配置消息将参数发送给 UE。

② UE 向 MeNB 上报测量报告，MeNB 判决是否进行主站站内切换。

③ 如果切换，MeNB 向 SgNB 发起 SgNB 修改请求，包含 LTE 小区切换后的加密参数等，用户上下文信息变更后通知 SgNB 更新加密参数。

④ SgNB 向 MeNB 回复 SgNB 修改确认消息。

⑤ MeNB 向 UE 发送 RRC 重新配置消息，指示 UE 切换到目标小区。

⑥ UE 发起随机接入过程，完成与目标小区的同步。

⑦ UE 向 MeNB 回复 RRC 重新配置完成消息，切换到 MeNB 站内新小区。

⑧ MeNB 小区完成接入后，通知 SgNB 重新配置完成。

⑨ UE 向 SgNB 重新发起随机接入过程，接入 SgNB 小区。

（4）LTE 站间切换

LTE 站间切换需要将源辅站释放，然后进行主站站间的切换；待主站站间切换完成后，则会重新添加辅站。LTE 站间切换流程如图 5-10 所示，若辅站不更换，则源 SN 与目标 SN 相同。

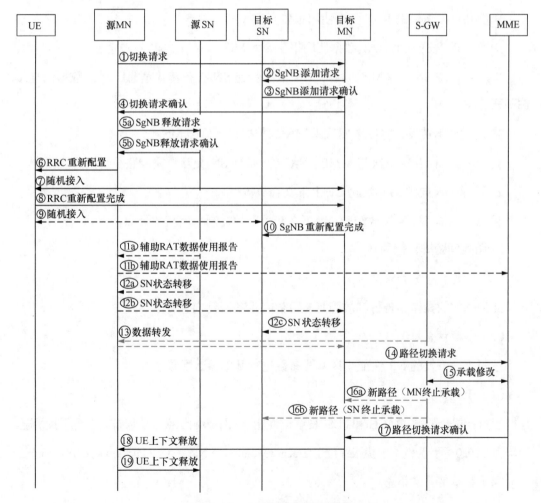

图5-10 LTE站间切换流程

① 源 MN 向目标 MN 发送切换请求消息，包括源 SN UE X2AP ID、SN ID 和 UE 上下文等信息。

② 目标 MN 向目标 SN 发送 SgNB 添加请求消息。

③ 目标 SN 向目标 MN 回复 SgNB 添加请求确认消息。

④ 目标 MN 向源 MN 发送切换请求确认消息。

⑤a ⑤b 源 MN 释放 SN。

⑥ 源 MN 发送 RRC 重新配置消息，触发 UE 应用新配置。

⑦、⑧ UE 随机接入目标 MN，并回复 RRC 重新配置完成消息。

⑨ UE 随机接入目标 SN。

⑩ 若 RRC 重新配置过程成功，则目标 MN 通过 SgNB 重新配置完成消息通知目标 SN。

⑪a 源 SN 发送辅助 RAT 数据使用报告至源 MN。

⑪b 源 MN 发送辅助 RAT 数据使用报告至 MME，以提供 NR 资源信息。

⑫a ～ ⑫c 源 SN、源 MN、目标 MN 依次传递 SN 状态转移消息，保证数据的连续性和完整性。

⑬ 通过数据转发，将原本发往源 MN 的数据转至目标 MN。

⑭ ～ ⑰ 目标 MN 依次与 MME、S-GW、目标 SN 交互，完成路径切换。

⑱ 目标 MN 向源 MN 发起 UE 上下文释放流程。

⑲ 源 MN 向源 SN 释放与 UE 上下文相关联的控制平面相关资源。

3. 切换问题排查范围

（1）操作、告警和故障排查

此为基站的操作，告警和故障日志可以在设备网管内查看。

（2）参数核查

按照统一下发的 NR 性能小区基线参数进行基础参数配置核查。

（3）干扰排查

上行干扰会影响 PRACH 和 PUSCH 解调性能，从而影响切换。建议排查上行干扰情况，以华为 U2020 网管为例，干扰跟踪位于 Tracing Monitor → NR → Cell Performance Monitoring。

（4）核心网异常排查

确认问题时间点前后核心网侧是否有操作。由于站内切换不涉及核心网，只有站间切换涉及核心网，故当切换小区处于核心网辖区边界、站间切换准备失败、站间切换执行成功率比站内切换执行成功率差时，要重点关注核心网问题。

可能存在核心网异常的场景如下。

① 站间切换准备存在 FailOut.AMF 类型的失败。

② 在 Ng 切换场景中，如果切换入准备请求话务统计数明显小于切换出准备请求话务统计数，或者切换出准备失败率高于切换入准备失败率，很可能是核心网未正确转发切换请求或响应。

③ X2（LTE 基站间接口）和 Xn（5G 基站间接口）切换存在路径切换流程失败的问题。

以上 3 种场景都可能是核心网存在问题，可以通过跟踪突出站点信令进一步明确原因，例如核心网没有回复目标站 PATH_SWITCH_ACK，或者回复 PATH_SWITCH_FAIL 等。

4. 切换故障定位思路

NSA 切换故障定位思路见表 5-5。

表5-5　NSA切换故障定位思路

故障类别	故障现象	可能原因
测量阶段	基站未下发切换测量命令	LTE 侧配置 5G 邻区参数有误
	UE 未上报 5G 测量结果	5G 邻区异常，比如发射功率低、SSB 异常等
	LTE 侧未发送 RRC 传输消息	X2 接口异常，例如 SCTP 链路故障、存在告警等
切换准备阶段	NR 侧不响应 RRC 传输消息	NR 邻区 PCI 冲突或漏配
	站间切换时 LTE 未发送 SgNB 添加请求消息	LTE 基站未配置 NR 邻区
	站间切换时 NR 侧不响应 SgNB 添加请求消息	NR 和 LTE 之间 X2 接口配置有误
	站间切换时 NR 侧回复 SgNB 添加拒绝消息	用户实例建立失败、专用前导序列分配失败、NR 小区状态异常
切换执行阶段	NR 侧未收到前导序列	UE 处于弱覆盖区域或存在上行干扰
	NR 侧收到前导序列，但未下发随机接入响应	下行随机接入响应调度失败、上行 MSG3 调度失败
	NR 侧下发随机接入响应，但是 UE 未收到	UE 处于弱覆盖区域或存在下行干扰
	UE 发送 MSG3，但 NR 侧未收到	

SA 切换类似于 4G 切换，SA 切换故障可能原因及应对策略见表 5-6。

表5-6 SA切换故障定位思路及应对策略

故障现象	可能原因	应对策略
基站已下发测量配置，但未收到测量报告	弱覆盖、信号质量差	调整天线、测试信号质量，调整切换参数
	A3 事件配置有误	核查参数配置
基站收到测量报告，但未下发切换命令	邻区漏配	核查邻区配置
	PCI 混淆、冲突	查询外部小区信息，查找是否存在相同 PCI 的两个小区
基站下发切换命令，但目标小区 PCI 错误	邻区错配	核查外部小区 ID、PCI
目标基站随机接入失败	弱覆盖、信号质量差	调整天线、测试信号质量
	参数配置错误	核查跟踪区代码（TAC）等参数
切换过早、过晚，乒乓切换	覆盖重叠度高、无主覆盖、越区覆盖	调整优化信号覆盖情况，例如天线方位角调整、下倾角优化调整、功率调整，提升主小区覆盖强度、控制非主小区覆盖强度
	切换参数需优化	调整切换小区个体偏移、A3 同频切换偏置、幅度迟滞、时间迟滞等参数

5.2.3 保持性问题

1. 5G 终端掉话的信令分析

网络保持性指标体现在掉话率上，异常掉话的主要原因包括覆盖问题、干扰问题、配置问题、切换失败、传输故障、小区故障等。从信令角度分析，掉话主要包括以下几种情况。

① 弱覆盖导致掉话。小区信号较差，终端检测到无线链路故障（RLF），发起 RRC 重建立请求，但未收到 RRC 重建立回复，重建立失败。

② 网络侧异常释放。UE 在 RRC 连接状态下未检测到 RLF，但网络侧下发 RRC 释放消息，释放 RRC 连接。

③ 切换掉话。切换执行阶段，UE 检测到 RLF，发起 RRC 重建立流程，上报重建立原因为切换失败，但重建立失败导致掉话。

④ 配置修改阶段同步失败导致掉话。在 RRC 连接状态下，若需要建立、修改、释

放 RB 或测控信息，则需要通过 RRC 重新配置命令将配置下发给终端。终端收到重新配置命令后启动 T304（UE 随机接入相关特殊小区定时器长度），若 T304 超时则发起重建立流程。如果重建立无响应或重建立失败，则会导致掉话。

2. 保持性问题排查范围

（1）告警与操作日志排查

① 告警排查：排查掉话时间前后是否存在与基站和 NR 小区相关的告警。告警出现时间可能在掉话时间点之后。

② 操作日志排查：排查是否有指标在掉话之前正常、之后恶化的情况。

（2）参数排查

核查常见影响掉话的参数，实际操作时进行全面参数排查。

（3）高误码排查

如果掉话是由于 5G 基站发起释放，且携带原因是 UE LOST，或是由于 UE 上报 SCG Failure，且携带原因值是 rlc-MaxNumRetx 或 random Access Problem，需要排查空口信号质量和干扰。如果误码不高，则需要通过呼叫历史记录或 CellDT 工具进一步分析 RLC 层的窗口滑动有无问题。此外，还需检查是否存在上层信令解码失败或数据完整性校验未通过的情况。

（4）覆盖和干扰排查

① 如果是 RSRP 较差，则需要确认测试点和天线距离，是否有遮挡等。尝试更换到更好的点位，确认是否仍然有掉话。

② 如果发现干扰较大，排查是否存在邻区信号强于服务小区而没有切换的情况。如果邻区信号不满足切换条件，但是强度和服务小区相当，则排查邻区是否做了模拟加载。如果条件允许，尝试关闭周边小区的信号，观察干扰是否改善。

③ 如果干扰来自外部，则启动快速傅里叶变换（FFT）扫频，观察干扰特征，进行排查处理。

④ 如果排除了弱覆盖和干扰，并且掉话是在特定位置点，很可能是该位置点无线环境存在超 CP，导致符号间干扰等，从而造成信令和数据解调失败。尝试修改波束模式或数字下倾，观察是否有改善。

（5）内部释放原因排查

5G 侧发起的释放，或终端上报 SCG Failure 导致的释放，通过呼叫日志分析，明确是空口问题、资源分配问题，还是其他产品内部异常（内部异常需要求助厂家使用特定工具解析）。

3. 保持性问题排查思路

通过信令流程分析、告警查看、参数核查等方式确定掉话的原因。保持性问题排查思路见表 5-7。

表5-7　保持性问题排查思路

故障类别	常见故障点	判断依据
覆盖问题	弱覆盖	终端侧 RSRP 低于 –120dBm
	重叠覆盖	SINR 值低，邻区信号强度高，切换过程中易发生掉话
干扰问题	邻区干扰、外部干扰等	下行 RLC 达到最大重传次数，上行 RLC 达到最大重传次数，SR 达到最大尝试次数，TA 超时等提示
配置问题	漏配邻区导致无法切换掉话；RLC 参数配置不合理，状态报告不能及时上报，导致 RLC 重传达到最大次数掉话；SRS 自适应门限设置不合理，距离基站较远的终端（远点）SRS 带宽不能切换到窄带，基站测量 SRS 信号较弱，无法准确测量 TA 导致掉话；A2 门限配置过高，导致 UE 没有到小区边缘就被正常释放	信号很好，排除邻区干扰或外部干扰，空口误码不高，则怀疑是配置问题
传输故障	传输拥塞丢包，导致信令传递失败或时延大	信令跟踪释放命令携带的原因值是 transport-resource-unavailable，传输系统告警
小区故障	小区传输、供电、硬件故障等	查看告警信息进行确认

5.2.4　数据传输性能问题

1. 数据传输影响因素

理解 5G 数据传输影响因素是数据传输问题定位的基础，包括时隙调度数（Grant）、频域资源分配的 RB 数量、调制阶数（MCS）、上下行流数（Rank）、误码率（BLER）。数据传输影响因素如图 5-11 所示。

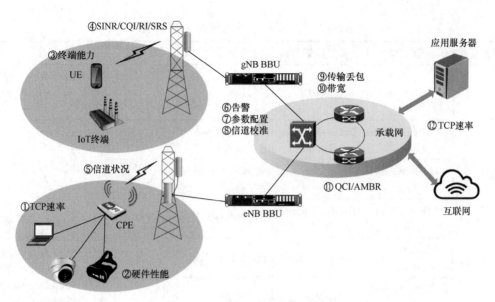

图5-11 数据传输影响因素

其中，因素①、②、③、⑥、⑦、⑨、⑩、⑪、⑫影响 Grant 和 RB，因素④、⑤、⑥、⑦、⑧影响 MCS、Rank、BLER。

2.下行速率优化思路

暂不考虑信号覆盖和干扰因素，以华为 U2020 为例，围绕网管后台配置优化吞吐速率指标。

（1）传输带宽排查

可通过 MML 脚本进行站点带宽查询：需要确保 NR 站点传输接入环为 10GE 传输环。MML 脚本查询站点带宽如图 5-12 所示。

图5-12 MML脚本查询站点带宽

（2）DL Grant 不足分析

除了多用户影响，5G 站点的参数配置同样会导致 DL 调度不足，需要重点核查相关参数，确保参数场景化最优设置。DL Grant 不足相关参数配置见表 5-8，其中，QCI是服务质量等级标识符。

表5-8　DL Grant不足相关参数配置

场景分类	管理对象	参数标识符	参数含义	推荐值	备注
DL Grant	NA	AMBR/QCI	用户开户速率和QoS等级标识（QCI）		UL AMBR 大于下行测试需求，QCI 推荐 8 和 9
	gNBPdcpParamGroup	DlPdcpDiscardTimer	PDCP 超时丢弃定时器	INFINITY	对于非 QCI8、9 需要重点排查，有 3 种优化：①开户 QCI 改为 8 或 9；②把实际使用的 QCI 对应的 gNBRlcParamGroupID 和 gNBPdcpParamGroupID 与 QCI8 和 9 保持一致；③ QCI 对应的 PDCP 和 RLC 参数与表里的推荐值保持一致。一般情况下，不推荐 DC 分流测试，采用 NR 即可
	gNBPdcpParamGroup	UePdcpReorderingTime	UE PDCP 重排序定时器	MS300	
	gNBPdcpParamGroup	DlDataPdcpSplitMode	下行数据分流模式	SCG_ONLY	
	gNBRlcParamGroup	DlRlcSnSize	RLC SN 比特数	18	
	gNBRlcParamGroup	RlcMode	RLC 模式	AM	
	gNBRlcParamGroup	UeAmByteThldForTrigPoll	Polling 触发数据量门限	KB25	
	gNBRlcParamGroup	UePduNumThldForTrigPoll	Polling 触发 PDU 数据量门限	PDU32	
	gNBRlcParamGroup	UePollingPduRetransTimer	Polling 重传定时器	MS40	
	gNBRlcParamGroup	UeAmStatusRptProhibitTmr	Polling 状态报告禁止定时器	MS15	
	gNBRlcParamGroup	UeRlcReassemblyTimer	UE RLC 重排序定时器	MS40	
	NRDUCellPdcch	UlMaxCcePct	上行的最大 CCE 比例	50	CCE 聚合级别配置 50，保证上行 CCE 调度资源
	NRDuCellRsvdParam	RsvdU8Param7	CCE 聚合级别	0	推荐聚合级别自适应
UL RB	NRDUCellPucch	StructureType	PUCCH 结构类型	LONG_STRUCTURE	推荐 PUCCH RB 配置，配置过小会导致多用户调度不足
	NRDUCellPucch	Format3RbNum	Format3 RB 个数	4	
	NRDUCellPucch	Format1RbNum	Format1 RB 个数	4	

（3）下行 MCS 和 BLER

MCS 和 BLER 相关参数见表 5-9，排查当前参数设置，确保参数在网络场景中为最优设置。

表5-9 MCS和BLER相关参数

场景分类	管理对象	参数标识符	参数含义	推荐值	备注
DL MCS	NRDUCELLTRPBEAM	TrsBeamPattern	TRS 波束类型	Pattern1（配置1个波束）	Pattern1 时小区 TRS 在频域上按 PCI mod 6 错开，有利于规避 TRS 干扰问题，需要 64TRX AAU 支持，非 64TRX 使用 Pattern2（配置多个展宽 DFT 波束）
	NRDUCellCsirs	TrsPeriod	TRS 周期	MS20(20)	移动场景推荐20ms，定点峰值场景可以拉长到40ms
	NRDUCellRsvdParam	Rsvdu8Param47	CSI-RS PORT 数	2	该参数取值为 2 时，CSI-RS 为固定 4port 测量
	NRDUCellPdsch	DIDmrsConfigType	下行 DMRS 导频类型	Type 2	DMRS 类型，建议为 Type 2
	NRDUCellPdsch	DIDmrsMaxLength	下行 DMRS 最大符号长度	1	DMRS 符号个数，8 流峰值配置 2 个符号，4 流峰值配置 1 个符号即可
	NRDuCellRsvdParam	Rsvd8Param26	下行 Additional DMRS 符号个数	1	定点测试可以配置为 0，移动场景推荐配置为 1
	NRDuCellRsvdParam	RsvdU8Param68	DLMCS 固定值	0	0 为下行 MCS 自适应，非 0 值为固定 MCS 调度
	NRDuCellRsvdParam	RsvdU8Param39	切换后初始 MCS 门限	4	切换阶段固定 4 阶调度，可以根据实际切换后 MCS 适当上调
	NRDUCellPdsch	FixedweightType	SRS 权值开关	On	必须打开
	NRDUCELLALGOSWITCH	DI256QamSwitch	下行 256QAM 开关	On	必须打开
	NRDUCELLPDSCH	CSIRS_RATEMATCH_SW@RateMatchSwitch	CSIRS_RateMatch 开关	On	开关打开才能反映邻区干扰情况
	NRDUCellRsvdOptParam	Param1 With Param Id102	双 DCI 调度的开关	On	TUE 测试推荐打开。CPE 不支持
	NRDUCellRsvdOptParam	Param1 With Param Id39	下行 IBLER 目标值自适应特性开关	Off	移动场景下远点可以提升 MCS 且 IBLER 伴随到 30%。对于定点测试，建议关闭
	NRDUCellRsvdOptParam	Param1With Param Id159	流间功率控制结合 RANK 自适应功能的开关	On	移动测试场景推荐打开

（4）下行 Rank 分析

下行 Rank 相关参数见表 5-10，排查当前参数设置，确保参数场景化为最优设置。

表5-10　下行Rank相关参数

场景分类	管理对象	参数标识符	参数含义	推荐值	备注
DL Rank	NRDUCell Pdsch	DIDmrsConfig Type	下行 DMRS 导频类型	Type2	DMRS 类型，建议为 Type2
	NRDUCell Pdsch	DIDmrsMax Length	下行 DMRS 最大符号长度	1	DMRS 符号个数，8 流峰值配置 2 个符号，4 流峰值配置 1 个符号即可
	NRDUCell Pdsch	FixeWeigth Type	SRS 权值开关	On	必须打开
	NSADCMG MTCONFIG	NsaDcUeScgUI MaximumPower	NSA DC 用户 SCG 上行功率	23	LTE 侧参数控制 NR 最大发射功率，默认为 20，可以适当优化为 23
	NRDUCell RsvdOpt	Param1 With ParamId120	Rank 自适应方案选择开关	0	当参数设置为 0 时，该参数不生效，L2 默认采用谱效率最优基站侧 Rank 自适应方案；当参数设置为 1 时，采用频谱效率最优的基站侧 Rank 自适应方案；当参数设置为 2 时，采用边界保护 Rank 自适应方案
	NRDUCell AlgoSwitch	DL_PMI_SRS_ ADAPT_SW@ AdaptiveEdgeExp EnhSwitch	下行 SRS 权值与 PMI 权值自适应开关	On	小区支持 MIMO 权值在 SRS 权值与 PMI 权值间自适应，在远近点，SRS 受限场景均能选取合适权值提升用户传输性能

3. 上行速率优化思路

由于上行有预调度功能，会导致"假上行满调度"，为了识别真实的上行调度次数，建议暂时关闭上行预调度功能。在峰值情况下，上行调度次数应该为 400 次。

（1）UL Grant 不足分析

UL Grant 不足相关参数配置见表 5-11。

表5-11　UL Grant不足相关参数配置

场景分类	管理对象	参数标识符	参数含义	推荐值	备注
UL Grant	NA	AMBR/QCI	用户开户速率和 QCI		UL AMBR 大于上行测试需求，QCI 推荐 8 和 9
	gNBRlcParam Group	UlRlcSnSize	上行 RLC SN bit 数	18 比特	对于非 QCI8，9 需要重点排查，有两种优化：①开户 QCI 改为 8 或 9；②把实际使用的 QCI 对应的 gNBRlcParamGroupID 和 gNBPdcpParamGroup 与 QCI8 和 9 保持一致
	gNBRlcParam Group	RlcMode	RLC 模式	AM	
	gNBPdcpParam Group	UlPdcpSnSize	上行 PDCP SN 比特数	18 比特	

场景分类	管理对象	参数标识符	参数含义	推荐值	备注
UL Grant	gNBPdcpParam Group	UlDataSplit PrimaryPath	上行数据分流主路径	SCG	通常情况下不推荐上行数据分流测试，使用 SCG only 即可
	gNBPdcpParam Group	UlDataSplit Threshold	上行数据分流门限	INFINITY	
	NRDUCellPdcch	UlMaxCcePct	上行的最大 CCE 比例	50	CCE 聚合级别配置为 50，保证上行 CCE 调度资源
	NRDuCellRsvd Param	RsvdU8Param7	CCE 聚合级别	0	推荐聚合级别自适应

（2）PUSCH RB 不足分析

在峰值业务场景下，典型用户设备（TUE）若要实现理论上行性能，上行 RB 的分配存在特定要求：100Mbit/s 带宽需分配 269 个上行 RB，80Mbit/s 带宽则需分配 213 个上行 RB。为提高网络中上行 RB 利用率，需开展参数配置分析。PUSCH RB 不足的相关参数配置见表 5-12。

表5-12　PUSCH RB不足的相关参数配置

场景分类	管理对象	参数标识符	参数含义	推荐值	备注
UL RB	NRDUCellPucch	StructureType	PUCCH 结构类型	LONG_STRUC TURE	推荐 PUCCH 配置，PUCCH RB 过多会抢占 PUSCH 资源
	NRDUCellPucch	Format3RbNum	Format3 的 RB 个数	4	
	NRDUCellPucch	Format1RbNum	Format1 的 RB 个数	4	
	NRDUCellRsvdOpt Param	Param1With ParamId75	PUSCH 抢占 PUCCH 开关	On	推荐打开，单用户场景下 PUCCH 全部被 PUSCH 占用
	NRDUCELLALGO SWITCH	UlInconsecutive Switch	上行非连续调度开关	On	推荐打开，仅对 TUE 生效，CPE 不支持非连续调度
	NRDUCELLPRACH	PrachConfiguration Index	PRACH 配置索引	65535	自适应 PRACH 配置，保障 PRACH 资源开销最小化

场景分类	管理对象	参数标识符	参数含义	推荐值	备注
UL RB	NRDUCellRsvdParam	RsvdSwParam1_bit19	上行 PUSCH 闭环功率控制	1	推荐打开上行 PUSCH 闭环功率控制
	NSADCMGMTCONFIG	NsaDcUeScgUlMaximumPower	NSA DC 用户 SCG 上行最大功率	23	LTE 侧参数控制 NR 最大发射功率，默认为 20，可以适当优化为 23

（3）上行 MCS 分析

上行 MCS 相关参数见表 5-13，建议先排查这些参数是否为最优设置。

表5-13　上行MCS相关参数

场景分类	管理对象	参数标识符	参数含义	推荐值	备注
UL MCS	NRDuCellRsvdParam	RsvdSwParam1_bit19	上行 PUSCH 闭环功率控制	1	推荐打开 PUSCH 闭环功率控制
	NSADCMGMTCONFIG	NsaDcUeScgUlMaximumPower	NSA DC 用户 SCG 上行功率	23	LTE 侧参数控制 NR 最大发射功率，默认为 20，可以适当优化为 23
	NRDUCellPusch	UlAdditionalDmrsPos	上行 Additional DMRS 符号个数	1	定点测试峰值建议为 0，移动测试峰值必须为 1
	NRDuCellRsvdParam	RsvdU8Param66	UL MCS 固定值	0	0 表示上行 MCS 自适应，非 0 表示固定 MCS 值
	NRDUCellAlgoSwitch	UL_IBLER_ADAPT_SW@AdaptiveEdgeExpEnhSwitch	上行 BILER 自适应	Off	定点建议关闭，移动测试推荐打开
	NRDUCellRsvdParam	Rsvdu8Param34	上行 IBLER 自适应算法关闭时的上行 IBLER 目标值	2	推荐设置为 2，即 10% 目标收敛值。当参数设置为 0 时，表示 1%；当参数设置为 1 时，表示 5%；当参数设置为 2 时，表示 10%；当参数设置为 3 时，表示 30%
UL MCS	NRDuCellRsvdParam	RsvdU16Param9	TA 发送周期	0	定点测试可以配置为 3，移动测试推荐配置为 0
	NRDUCELLALGOSWITCH	Ul256QamSwitch	上行 256QAM 开关	Off	TUE 测试推荐为 On，TUE 需采用高性能硬件

关注上行干扰情况，通过网管进行上行干扰跟踪定位排查。干扰跟踪定位如图 5-13 所示。

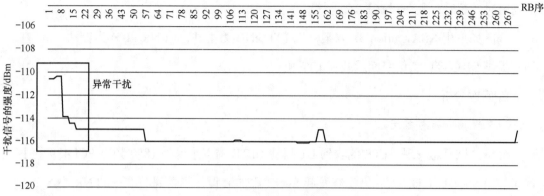

图5-13 干扰跟踪定位

（4）上行 Rank 分析

上行 Rank 相关参数见表 5-14，建议先排查参数是否为最优设置。

表5-14 上行Rank相关参数

场景分类	管理对象	参数标识符	参数含义	推荐值	备注
UL Rank	NRDUCellPusch	MaxMimoLayerCnt	上行最大 MIMO 层数	Layer2	2T4R 终端推荐 Layer2，4T8R 终端推荐 Layer4
	NRDUCellRsvdParam	RsvdU8Param65	UL RANK 固定值	0	0 为自适应，非 0 为固定 Rank
	NRDUCellPusch	UlDmrsType	上行 DMRS-Type	1	低速场景：1。高速场景：2
	NRDUCellPusch	UlFrontDmrsMaxLength	上行前置最大 DMRS 符号数	1	推荐 1 个符号

SRS 功率过高会导致 AAU 接收饱和，SRS SINR 下降，需核查切换参数设置门限，观察用户分布情况，近点用户不宜过多。

任务3 网络优化案例实施

5.3.1 接入问题案例

1. 问题描述

为评估某广场 1F ~ 62F 新建 SA/NSA 双模 5G 室分覆盖情况，优化人员进行室内遍历测试。在测试过程中，发现20FNSA模式终端无法正常接入，并长时间驻留在4G。根据信令流程可见，LTE侧有下发B1测量配置信息，但一直不发起SCG添加，导致不活动定时器超时，主动释放RRC连接。

该广场采用NSA Option 3x方案，以LTE eNB为主站，以NR gNB为辅站。5G基站不提供S1-C接口，信令面承载在LTE侧。

2. 问题分析

（1）现场分析覆盖问题

分析测试日志发现，LTE侧收到B1测量（LTE锚点小区为1850频点PCI 439的小区），并且在UE上报B1后仍没有发起SgNB添加流程。测量到的唯一的NR小区PCI为372，RSRP为–92dBm。因此，非5G信号覆盖问题导致接入失败。

（2）排查基站数据配置

① 切换策略排查。当5G邻区SSB RSRP > MinRxLevel@NrNFreq + NrFreqhigh-PriReselThld@NrNFreq 时满足小区重选门限。通过切换公式代入数值计算可知，NR场强满足小区重选触发门限为

–92dBm > –68dBm（最低接收电平–2dBm）×2+6（NR频点高优先级重选门限2dB）×2

NR小区最低接收电平配置如图5-14所示。

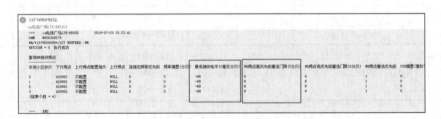

图5-14　NR小区最低接收电平配置

UE上报B1后仍没有发起SgNB添加流程，疑似锚点站与NR站点之间存在邻区之间PCI冲突，或者X2链路异常问题。

② X2链路分析。核查锚点站与NR站点之间是否存在X2链路，X2链路数量是否已达最大限制，同时查询对应的X2链路是否存在告警。查询X2接口链路如图5-15所示，锚点站对应NR站点的X2链路信息和链路状态如图5-16所示。

根据网管配置查得锚点站与NR站点之间X2链路状态正常，且X2链路未超250条，排除因X2链路原因不能添加SgNB。

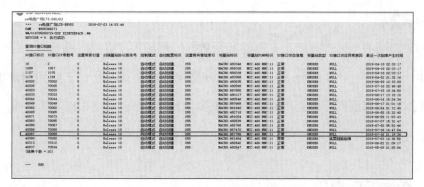

图5-15 查询X2接口链路

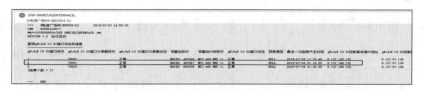

图5-16 锚点站对应NR站点的X2链路信息和链路状态

③ 外部小区配置排查。排查发现，在 4G 锚点站的外部小区列表中，存在多条相同的 NR 小区 PCI 记录（基站不同但 PCI 相同）。外部 NR 小区 PCI 冲突如图 5-17 所示。原因是目标 5G 基站前期进行了拆分，4G 锚点站未及时删除冗余的外部小区信息，且自动邻区关系（ANR）算法没有 5G 外部小区冲突检测机制。PCI 冲突导致终端测量到 NR 小区 PCI 后，无法确定是哪个小区，从而未能成功添加辅站。

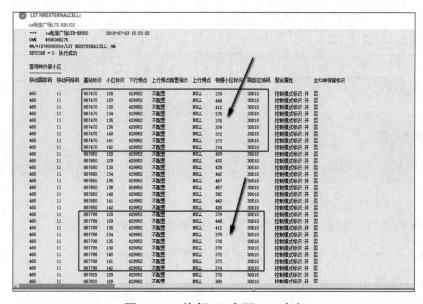

图5-17 外部NR小区PCI冲突

3. 解决措施

对 PCI 相同的小区进行修正，删除冗余数据，现场再次尝试终端接入，问题得以解决。4G 网管后台中 ANR 没有 5G 外部小区冲突检测机制，因此 LTE 收到测量报告后没有触发 SgNB 添加流程。该类问题需重点核实 4G 锚点小区对应 LTE-NR 外部小区配置是否 PCI 冲突。

5.3.2 切换问题案例

1. 问题描述

测试车辆沿路进行 DT，接入路口某 NR1 小区（PCI=150），在向某大厦 NR 站点移动过程中，上报 A3 事件，事件信令携带 NR PCI=162 和 PCI=148 两个 NR 邻区。但系统并没有向信号最强的 PCI=162 小区下发切换重新配置命令，而是向信号次强的 PCI=148 小区发起切换，切换重新配置命令如图 5-18 所示。

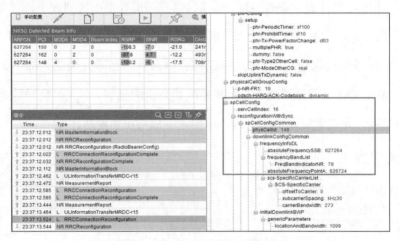

图5-18 切换重新配置命令

2. 问题分析

该问题属于 SN Change 场景，LTE 锚点小区未发生变化，只是 SN 发生变更。原因可能如下。

① NR PCI=162 小区未与当前 LTE 锚点小区配置双链接锚定关系。

② NR PCI=150 小区未与 NR PCI=162 小区配置 5G 邻区关系。

3. 解决措施

通过后台网管核查确认，PCI=150 小区和 PCI=162 小区未配置 5G 邻区。配置 5G

邻区后，UE 可正常切换至信号最强小区。

5.3.3 保持性问题案例

1. 问题描述

用户反馈在使用 5G 手机进行 VoLTE 通话时存在问题。当终端在 5G 覆盖下使用 VoLTE 业务，其被叫并处于振铃阶段时，如果未及时接听，约 10s 后振铃结束并被异常释放。正常 VoLTE 通话振铃时间为 40s，该案例中的振铃时间过短，用户经常无法正常接听电话。

2. 问题分析

（1）信令流程分析

① 主叫起呼，被叫正常振铃。

② 10s 后，后台监控到被叫侧基站发起 Release 流程，MME 释放 QCI1 专有承载。

③ QCI1 释放后，UE 重新发送服务请求，要求重新建立连接。MME 下发建立 QCI5、QCI9 承载。

④ 核心网下发 CANCEL 消息导致 VoLTE 通话被释放。终端侧 SIP 信令流程如图 5-19 所示。

Time	Direction	Message	Information
19:28:41.335	Network->UE	IMS_SIP_INVITE	IMS SIP: Request: SIP/2.0 INVITE
19:28:41.340	UE->Network	IMS_SIP_INVITE	IMS SIP: Response: SIP/2.0 INVITE: 100 trying
19:28:41.372	UE->Network	IMS_SIP_INVITE	IMS SIP: Response: SIP/2.0 INVITE: 183 session progress
19:28:41.891	Network->UE	IMS_SIP_PRACK	IMS SIP: Request: SIP/2.0 PRACK
19:28:41.895	UE->Network	IMS_SIP_PRACK	IMS SIP: Response: SIP/2.0 PRACK: 200 ok
19:28:42.053	Network->UE	IMS_SIP_UPDATE	IMS SIP: Request: SIP/2.0 UPDATE
19:28:42.068	UE->Network	IMS_SIP_UPDATE	IMS SIP: Response: SIP/2.0 UPDATE: 200 ok
19:28:42.079	UE->Network	IMS_SIP_INVITE	IMS SIP: Response: SIP/2.0 INVITE: 180 ringing
19:28:53.871	Network->UE	IMS_SIP_CANCEL	IMS SIP: Request: SIP/2.0 CANCEL
19:28:53.876	UE->Network	IMS_SIP_CANCEL	IMS SIP: Response: SIP/2.0 CANCEL: 200 ok
19:28:53.879	UE->Network	IMS_SIP_INVITE	IMS SIP: Response: SIP/2.0 INVITE: 487 request terminal
19:28:53.950	Network->UE	IMS_SIP_ACK	IMS SIP: Request: SIP/2.0 ACK
19:29:08.636	Network->UE	IMS_SIP_INVITE	IMS SIP: Request: SIP/2.0 INVITE

图5-19 终端侧SIP信令流程

（2）参数核查

① 核查主服务小区的参数"语音业务 UE 不活动定时器开关"。如果该参数值为 OFF，那么基站会根据 QoS 的"UE 不活动定时器优先级"参数，选取优先级最高的 UE 不活动定时器作为该用户的 UE 不活动定时器。语音业务 UE 不活动定时器开关情况见表 5-15。

表5-15　语音业务UE不活动定时器开关情况

小区名称	eNodeB ID	本地小区标识	下行频点	语音业务 UE 不活动定时器开关
xxxxx 大楼 13F-16FX_C0NCYT3	391957	0	1825	OFF
xxxxx 大楼 13F-16FX_C0NCYT0	391957	20	100	OFF

② 在此服务小区的参数配置中，逻辑信道优先级最高为 4，其对应的 QCI 为 5，故选取其对应的参数"基于 QCI 的 UE 不活动定时器（秒）"=10 作为此 VoLTE 用户的 QCI1 不活动定时器。基于 QCI 的 UE 不活动定时器见表 5-16。

表5-16　基于QCI的UE不活动定时器

基站名称	QCI	基于 QCI 的 UE 不活动定时器 /s	UE 不活动定时器优先级	逻辑信道优先级
XXX-Z01_B391957_C	1	20	0	5
XXX-Z01_B391957_C	5	10	0	4
XXX-Z01_B391957_C	8	10	0	11
XXX-Z01_B391957_C	9	10	0	12

（3）原因分析

由于参数"语音业务 UE 不活动定时器开关"为关，按照 QCIPARA 参数中 UeInactiveTimerPri 参数的描述生效规则，取 UeInactiveTimerForQci 的值生效。在基于 QCI 的 UE 不活动定时器中，eNodeB 会从优先级最高的 QCI 中选取不活动定时器的最大值作为该 UE 的不活动定时器。虽然 QCI1 已设置为 60s，但 QCI5 的逻辑信道优先级最高（值为 10s），导致 QCI1 沿用 QCI5 不活动定时器也为 10s。

3. 问题解决

① 设置参数"语音业务 UE 不活动定时器开关"为开。

② 设置 QCI1 的不活动定时器为 60s。

5.3.4　数据传输性能问题

1. 问题描述

现场对某校图书馆进行路测后，发现该站点 1 楼至 6 楼的 SINR 值不达标、下载速率不达标。同时在图书馆室内弱覆盖区域，接收到强度相当的 PCI 值为 41 和 39 的其他基站信号。

2. 问题分析

现场勘察发现，该校食堂与图书馆距离很近，且食堂楼顶的宏站1扇区正对着图书馆，因此，初步判定食堂楼顶的宏站1扇区（PCI=41）与图书馆的室分信号（PCI=437）强度相当，产生了模三干扰，导致图书馆1楼至6楼的SINR值不达标、下载速率不达标。

3. 解决措施

降低食堂楼顶宏站1扇区发射功率，由18.2dBm降低到15.2dBm，减少该扇区覆盖区域，避免信号覆盖到室内。通过优化后现场测试，图书馆各楼层的SINR值明显上升，信号覆盖率和下载速度达标。优化前后数据对比见表5-17。

表5-17 优化前后数据对比

楼层	平均特性		覆盖统计			
	RSRP（dBm）	SINR（dB）	RSRP ≥ −105dBm 采样占比	SINR ≥ 3 采样占比	RSRP ≥ −105dBm 且 SINR ≥ 3 采样占比	统计 RSRP ≥ −70dBm 采样占比
2 楼复测前	−78.18	7.54	100%	77.59%	77.59	15.02
2 楼复测后	−74.9	21.69	100%	100%	100	22.15
3 楼复测前	−73.86	10.25	100%	74.37%	74.37	30.54
3 楼复测后	−71.83	22.2	100%	100%	100%	40.19%
4 楼复测前	−76.38	5.64	100%	63.59%	63.59%	14.98%
4 楼复测后	−76.93	21.13	100%	100%	100%	19.46%
5 楼复测前	−74.63	9.98	100%	64.68%	64.68%	35.75%
5 楼复测后	−72.78	22.14	100%	100%	100%	43.59%
6 楼复测前	−76.67	11.48	100%	86.03%	86.03%	13.37%
6 楼复测后	−71.73	22.88	100%	100%	100%	40.63%

5.3.5 干扰问题

1. 问题描述

运营商接到用户投诉，XXX-HLH基站投入使用后，某工厂及附近部分居民反映手机不能正常拨打电话。

2. 问题分析

① 查询该站点和周边 LTE 站点均无告警故障。

② 从后台查看站点反向频谱，XXX-HLH 基站存在高脉冲的外部信号干扰，干扰信号分析如图 5-20 所示。

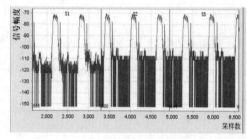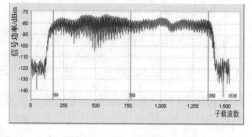

（a）时域信号幅度分布　　　　　　　　（b）子帧2符号0频域信号功率分布

图5-20　干扰信号分析

③ 从后台信令解析中观察到，XXX-HLH 基站存在外部信号干扰。小区干扰信息如图 5-21 所示。

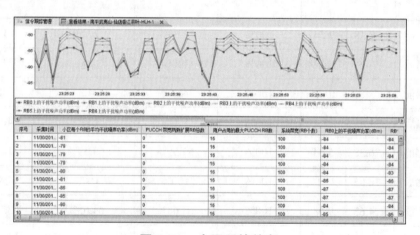

图5-21　小区干扰信息

④ 现场对干扰区域进行扫频测试，干扰信号强度较高，可以确定干扰源就在附近。后经排查，发现干扰源是某工厂设置的信号干扰器。

3. 问题解决

经运营商协调，最终拆除了干扰器部分天线。经复测，现场扫频仪已无异常，从后台信令解析中观察到，干扰基本上消除。但是由于只摘除了天线，并没有关闭干扰器，干扰信号依旧从发射端口泄露，从后台信令图中能看到还存在一点干扰。无干扰小区信息如图 5-22 所示。

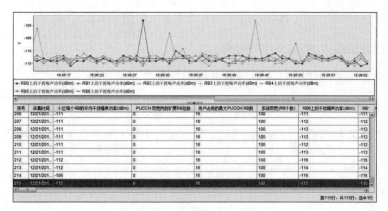

图5-22　无干扰小区信息

项目小结

　　本项目主要介绍了移动通信网络优化的概念、内容和方法。网络优化采用DT、CQT、话务统计性能分析和MR分析等手段,借助测试终端(手机)、北斗、GPS定位设备、测试软件、便携式计算机、扫频仪等,完成射频优化和系统网络优化。项目对常见的接入性、移动性、保持性和数据传输性能4类典型问题进行分析,并结合案例提出处理思路,帮助读者更好地理解网络优化的原理和方法。

　　学习本章时,建议读者加强对各种优化技术和工具的学习,并在实际案例中加以应用。同时建议读者理解各种优化技术的原理,能够在不同的网络环境中灵活选用不同的优化方法。

习 题

一、选择题

1.某一个指标或者是对某一个区域进行单独优化属于(　　　)。

　　A.工程优化　　　　　　　　B.日常优化　　　　　　　　C.专项优化

2.无线网络优化常见手段包括(　　　)。

　　A.DT　　　　　　　　　　　　　　　B.CQT

　　C.话务统计性能分析　　　　　　　　　D.MR分析

3.在网络优化中,一般要求无线覆盖率指标(　　　)。

　　A.≥100%　　　　　B.≥95%　　　　　C.≥85%　　　　　D.≥4%

二、问答题

1.请简述终端接入 5G SA 网络过程。

2.请简单介绍网络切换中各类测量事件的含义。

3.5G 终端掉话可能是什么原因造成的?

4.一般来说哪些因素会影响调制阶数（MCS）、上下行流数（Rank）、误码率（BLER）指标?

三、案例分析题

1.问题描述

测试车辆由南往北行驶：UE 占用 XJ-GO_A（PCI=334）小区，连续上发切换至 XJ-GO_B（PCI=181）小区的 A3 测量，始终都未切换至 XJ-GO_B 小区，UE 该路段一直占用 XJ-GO_A 小区，导致 SINR 值变小。

2.问题分析

（1）信令分析

从 L3 Message 上可以看到，终端服务小区是 PCI334 时，终端每隔 240ms 上报一次 MeasurementReport 测量，gNodeB 对上报的 MR 不做处理，这些 MR 上报的邻区 PCI 均为 181 和 182 小区，PCI181 小区 RSRP 要比 PCI334 小区的 RSRP 高出很多。最后一次 MeasurementReport 测量中包含了 PCI 为 182 的邻区，比主服务小区高 34dB 左右，最后重新配置到 182 小区。

（2）参数核查

核查配置文件，权值自适应开关（AdaptiveEdgeExpEnhSwitch）是关闭状态。检查 XJ-GO_A NR 小区配置如下。

邻区配置如下。

```
LST NREXTERNALNCELL:GNBID=863180;
XJ-GO_南山深大风槐窑
+++   XJ-GO_南山深大风槐窑      2019-08-09 13:28:13
OAM     #2685411081
%%/*1888302021*/LST NREXTERNALNCELL:GNBID=863180;%%
RETCODE = 0  执行成功

查询NR外部邻区

移动国家(地区)码  移动网络码  gNodeB标识  小区标识  物理小区标识  小区名称  RAN通知区域标识  跟踪区域码  SSB频域位置描述方式  SSB频域位置  NR架构选项

460          11        863180      0        182         NULL     65535          1          全局同步信道号        7811        独立组网&非独立组网共存模式
460          11        863180      1        185         NULL     65535          1          全局同步信道号        7811        独立组网&非独立组网共存模式
460          11        863180      2        182         NULL     65535          1          全局同步信道号        7811        独立组网&非独立组网共存模式
(结果个数 = 3)

——    END
```

3. 任务要求

请结合以上信息，分析该问题出现的可能原因，并提出解决措施。